KEKAO ZHIXINGLU

ZHIXING HEYI PIAN

科考知行录

知行合一篇

主编　秦奎伟

北京理工大学出版社
BEIJING INSTITUTE OF TECHNOLOGY PRESS

图书在版编目（CIP）数据

科考知行录. 知行合一篇 / 秦奎伟主编 . —北京：北京理工大学出版社，2019. 9

ISBN 978 - 7 - 5682 - 7648 - 1

Ⅰ. ①科…　Ⅱ. ①秦…　Ⅲ. ①科学考察 - 中国 - 文集　Ⅳ. ①N82-53

中国版本图书馆 CIP 数据核字（2019）第 221480 号

出版发行 / 北京理工大学出版社有限责任公司
社　　址 / 北京市海淀区中关村南大街 5 号
邮　　编 / 100081
电　　话 /（010）68914775（办公室）
（010）82562903（教材售后服务热线）
（010）68948351（其他图书服务热线）
网　　址 / http：// www. bitpress. com. cn
经　　销 / 全国各地新华书店
印　　刷 / 雅迪云印（天津）科技有限公司
开　　本 / 710 毫米 × 1000 毫米　1/16
印　　张 / 13
字　　数 / 182 千字
版　　次 / 2019 年 9 月第 1 版　2019 年 9 月第 1 次印刷
定　　价 / 78. 00 元

责任编辑 / 武丽娟
文案编辑 / 武丽娟
责任校对 / 刘亚男
责任印制 / 李志强

科考知行录

知行合一篇

编委会

序　言

“生态文明”是指人类社会在改造自然、造福自身的过程中为实现人与自然和谐所付出的努力及其获得的全部积极成果。十八大报告指出：“建设生态文明，是关系人民福祉、关乎民族未来的长远大计。面对资源约束趋紧、环境污染严重、生态系统退化的严峻形势，必须树立尊重自然、顺应自然、保护自然的生态文明理念，把生态文明建设放在突出地位，融入经济建设、政治建设、文化建设、社会建设各方面和全过程，努力建设美丽中国，实现中华民族永续发展。”这一重要论述，反映了党对人类社会发展规律、对社会主义建设规律认识的再深化，标志着我们党对经济社会可持续发展规律、自然资源永续利用规律和生态环境规律的认识进入了一个新的境界。十九大报告再次强调：“建设生态文明是中华民族永续发展的千年大计。必须树立和践行绿水青山就是金山银山的理念，坚持节约资源和保护环境的基本国策，像对待生命一样对待生态环境，统筹山水林田湖草系统治理，实行最严格的生态环境保护制度，形成绿色发展方式和生活方式，坚定走生产发展、生活富裕、生态良好的文明发展道路，建设美丽中国，为人民创造良好生产生活环境，为全球生态安全作出贡献。”作为当代大学生应切实肩负起时代和历史的责任，以生态文明为发展导向，把我国建设成富强民主文明和谐美丽的社会主义现代化强国！

社会实践是素质教育的重要组成部分，也是倡导学生在读书学习的同时走出课堂、服务社会的举措。社会生活和社会实践就是无字之书，对于大学生的成长和成才具有同等重要的意义。参加社会实践不仅可以学到丰富的课外知识，也可以把课堂理论知识同社会实践联系起来，加深对课堂学习内容的理解。更重要的是，社会实践既可以很好地培养和锻炼大学生的实践能力，又可以加深大学生对社会的了解，培养大学生的社会责任感。作为砥砺心性的重要教育手段，社会实践已然成了当前促进大学生群体思想成长和素质提升的一种重要手段。

在北京理工大学的社会实践中，有这样一个响亮的品牌，十余年来它见证过祖国的大河湿地、西北戈壁、沙漠绿洲和热带雨林，也曾远赴大洋彼岸感受过北美生态，这就是生命学院在全校各部门支持下，凝聚十余年心血全力打造的“探索自然、服务社会、感受文化、孕育创新”的学生主题社会实践活动——“生态科考”。自2004年起，生态科考伴随着以生命学院为主的无数科考队员一起走过了十余年春秋，足迹遍布国内外，不仅使一批又一批生态科考队员得到锻炼，也为我国生态文明建设作出了诸多贡献。

2015年，生态科考队凝练十余年成果，打造的“中国典型湿地发展影响因素探究之旅——基于对山东、宁夏、云南三省十年生态科考的思考”作品，获得“挑战杯”国家级特等奖的辉煌成就，期间无数人为之挥洒过辛勤的汗水。生态科考已经成为一种精神，而这种精神必将继续传承，激励无数后来人参与其中，从而让更多人能够为我国生态文明建设贡献自己的力量。

2016年，北京理工大学生命学院生态科考队的目的地设在了俄罗斯首都莫斯科，科考队代表北京理工大学出访莫斯科的最高学府——国立莫斯科罗曼诺索夫大学。这是继2010年赴加拿大生态科考之后的又一次国际生态科考。此次科考开启了北京理工大学与莫斯科大学交流的大门，是生态科考国际化的重要一步，也是生态科考转向内涵式发展的重要标志。

2017年7月，生态科考队再次出发，聚焦“一带一路”“精准扶贫”“红色精神”等主题，分赴江西赣州、山西方山、陕西延安等地开展生态考察，分别围绕地区水质状况、土壤理化性质、植被种植、黄龙病治理等自科类课题以及“精准扶贫”“一带一路”“红色精神”“三农问题”等多个国内热点的社科类课题进行考察，通过实地采样、问卷调访、部门座谈等形式获取第一手资料并撰写成文，对当地的生态发展及与生态相关的产业发展和社会问题提出了建议。本书集中展示了科考队的科考过程，也分享了科考队员们的心历路程，见证科考队员们的成长与收获，感受科考地的人文生态。

目录

Contents

Chapter 01

第一章

实践求真

——生态科考之实录

前　言

从2004年至今，北京理工大学生态科考队始终以“探索自然、服务社会、感受文化、孕育创新”为实践主题，以促进大学生群体思想成长和素质提升为目标，秉持着“聚焦生态文明，实践科学发展”的实践理念，引领一批又一批北理学子走出象牙塔，将调查深入社会基层，在了解当地人文生态和社会经济状况的同时为地区的生态文明建设贡献出新时代青年的一份力量。

翡翠常绿，赣南竹柏传美誉；蜚声中外，瑞昌苎麻天下知。带着理想与热情，生态科考江西队一行15余人开展了为期7天的生态科考。早出晚归，跋山涉水，取样调研，走访座谈，7天的时间，科考队员对彼此更加了解，也对科考更加热爱。抵达红都瑞金，红色革命精神深入人心；参观红军纪念塔，向共产主义革命精神致敬；深入赣南农村基层，了解精准扶贫落实和农村发展现状；走访当地相关部门，获取可靠的价值资料；遍历果园基地和当地不同流域，采集柑橘黄龙病样本和当地水土样本。

晋中之行，源于吕梁。巍巍武当山，幽幽横泉水。怀着对黄土山坡的敬仰和对支教扶贫的责任与担当，生态科考山西队一行6余人来到了方山。这里远离都市喧嚣、霓虹闪耀，黄土地上是淳朴的乡民和渴望知识与未来的孩子们。三尺讲台，承载着青春热情与稚嫩理想；一字一句，带给孩子们走出大山、面向未来的勇气。徒步横泉水库，看夕阳西落，闻鸟语蝉鸣；深入庞泉沟森林，听万木峥嵘间一呼一吸自然的脉搏；勇攀北武当，品壮丽山河展一览众山小的豪气。8天科考，感受到扶贫攻坚的一点一滴，了解到基层干部为公为民亲力亲为，亲身体验方山人勤劳质朴的劳动生活，体悟属于这片广袤土地壮丽山河的磅礴气势与无限风光。队员们带来了微不足

道的知识，留下了点点希望的火种，希望同这片土地迈向更加美好的明天。

探寻思路之源，考察塞上生态，感受革命老区红色精神。生态科考陕西队一行6余人先行来到古丝绸之路起源地　　西安，感受“一带一路”背景下古都西安的独特魅力，站在新的发展机遇起点，西安正在不断创造新的历史。之后科考队抵达中国革命圣地——延安，重温了党在延安领导中国革命的伟大奋斗历史，不禁感慨如今和平年代百姓安居乐业的来之不易。科考队在领略革命圣地的人文历史的同时，也利用自己的专业知识和实地调研为老区的农业发展、生态建设建言献策。

实事求是，困知勉行。队员们在科考的过程中，不仅获得了成长、积累了科考的经验，也培养了吃苦耐劳、不怕艰苦的团队精神和服务国家、报效社会的爱国精神，更为当地的生态建设、农业和经济发展提供了合理化建议和科学数据。生态科考队的足迹也成了队员们成长的轨迹，更让队员们明白，青年服务国家，是一种担当，更是每一个青年学子肩上的重任。作为当代大学生，队员们也应该尽自己的绵薄之力，为生态发展服务，为社会服务。生态科考，收获的不仅仅是样品和数据，还有科考队员间团结协作的深厚情感，实践过程中敢于突破、直面困难的勇气。生态科考，我们一直在路上。

1.1 赣南之行

2017年7月，历经2个月的紧张准备，通过队员招募培训、团队建设等一系列环节，最终成立了由来自生命学院、宇航学院、化工学院等多个学院的15名队员组成的科考团队。此次科考团队分工明确：队长、副队长负责路线统筹安排、任务分配、新闻稿审核以及队员的安全保障；物资组负责物资购买、分配、保管以及财务管理，宣传组负责每日新闻稿撰写、摄影及图片处理、后期宣传视频制作，外联组负责旅店、门票信息的查询和预定以及与走访部门的联系，明确的分工合作、互相协作的团队精神和老师及时的提醒成为队员们能够顺利完成科考任务最有力的保障。在瑞金、赣州、寻乌等地开展的为期7天的科考活动中，科考队员们针对柑橘黄龙病、红色文化、精准扶贫政策等课题，通过实地考察、现场采样和后期实验研究相结合等方式，对赣南地区的经济和社会进行了深入的调查。

图1　江西队科考队员发团合影

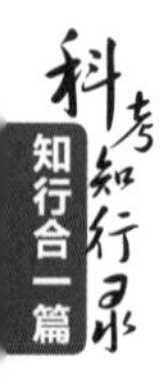

扬帆起航，抵达红都

2017年7月11日，生态科考江西队经过简单的发团仪式，开启了科考的行程。

图2　队员们发团前的认真筹备

11日下午3时，由科考队指导老师带队，科考队正式出发。在前往瑞金的火车上，队员们继续修改完善各自课题，讨论走访提纲，根据实际可能会遇

图3　前往瑞金火车途中同学们继续完善课题并和乘客们讨论

到的问题对问卷进行补充。期间，队员们在火车上与同行的游客讨论红色文化，为红色文化调研做准备。

12日下午18时，科考队抵达科考第一站——瑞金。在这片土地上诞生了共和国的第一个红色政权，并涌现出无数伟大的革命前辈，红色的记忆已经融入瑞金这个城市的气质与发展之中。近年来，瑞金市正加大力度把红色文化资源优势转化为经济发展优势，使“红都瑞金”成为全国红色旅游品牌。

图4　队员们抵达瑞金合影

晚上9时，科考队召开第一次例会。科考队指导老师李艳菊、李玉娟和队员们对13日路线安排和时间表进行了讨论，根据实际情况明确具体前往的地点、时间及相关人员安排。随后对明日即将开展的有关土壤、柑橘木虱以及红色文化的课题进行了论证，强调了在课题开展过程中团队协作的重要性。会议过程中，同学们认真听取了老师的建议，并对科考中可能遇到的问题做好了充分的准备和临时应急预案。科考的序幕已经拉开，未来的路充满困难与挑战，但是这也使队员们团结在一起，为了同一个共同目标全力以赴，相信辛勤的付出，终能结出难忘又甜美的果实。

红都探访——共和国的摇篮

参观红色圣地，学习革命精神。2017年7月13日，北京理工大学生命学院生态科考江西队正式开启了科考活动的第一站——江西瑞金。

图5 队员们参观共和国摇篮景区——叶坪游客中心

科考队来到了中华苏维埃临时中央政府的所在地——叶坪景区。红军烈士纪念塔下，全体科考队员举行了纪念仪式，缅怀红军先烈；在第一次全国苏维埃代表大会（简称“一苏大”）会址礼堂，队员们合唱国际歌，向共产主义革命精神致敬。参观过程中，队员们互相协作，成功采集了绵江水体样本，同时就红色遗址精神及传承的课题，针对景区游客以访谈录和问卷调查的方式进行了调研。

科考队随后来到了红井景区。红井是1934年苏维埃政府的临时搬迁区，是当时各个政府办公机关的办公地点以及毛泽东、徐特立等革命同志的居住地。在参观途中，队员们感受到了当时中共办公的艰苦条件以及政府对当地老百姓生活疾苦的关切情怀。

图6　队员们参观红井合影留念

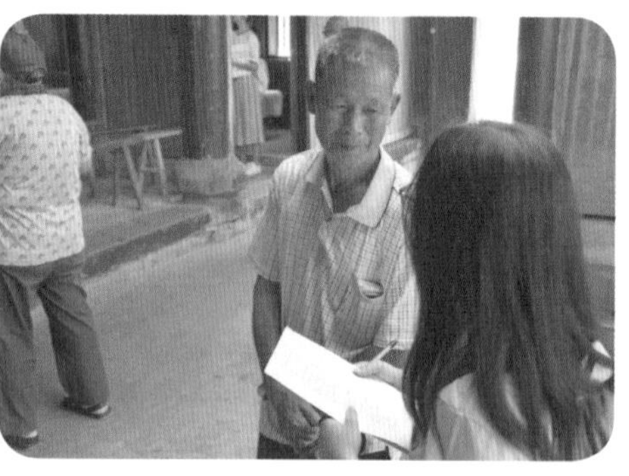

图7　队员们认真听取讲解，学习革命精神

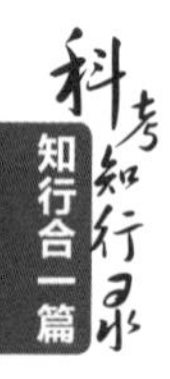

中午，科考队结束在沙坝州的参观，来到中央人民革命根据地历史博物馆。在这里队员们全面深入地了解了中华苏维埃共和国当时的状况以及红军长征的历史背景。随后参观了第二次全国苏维埃代表大会（简称“二苏大”）旧址，并在会址礼堂合影留念。

骄阳当头，队员们的汗水湿透了衣襟，但是大家科考的热情仍然丝毫不减，稍作休息便马不停蹄地奔赴下一个目的地——会昌县西江镇石门村。在石门村村委会，宋书记热情地接待了科考队的队员们，同时就有关石门村柑橘黄龙病前期检测、防治技术、精准扶贫政策等问题与大家进行了交流讨论。

图8　队员们前往会昌县西江镇石门村村委会采访

随后队伍分为两队，一队跟随钟书记前往柑橘果园，采集柑橘黄龙病的患病株和正常株的枝条以及土样。另一队前往石门村初中，初中郭校长就该校学生的贫困状况、补助政策及基础设施建设等问题向队员们进行了详细的介绍，让大家对当地的教育现状有了更深入的了解。随后，科考队告别瑞金，乘车前往科考的下一站——赣州。

科考队通过对瑞金当地景区及周边村落的考察调研，提高了对课题任务的认识，提升了团队合作精神与吃苦耐劳精神，更坚定了对接下来科考任务的信心。

赣南走访，勇往直前

2017年7月14日，生态科考队来到科考的第二站——赣州。队员根据课题研究分为两组，分别前往赣州市政府各部门和赣州市柑橘科学研究所等部门进行考察走访活动。

图9　队员们前往赣州市政府各部门进行拜访和讨论

辅导员刘惠康老师带领一组队伍来到赣州市政府大楼，依次前往农粮局、教育局、水利局和林业局油茶办公室。针对赣州市的农业扶贫、教育扶贫及赣州市江流水质和油茶产业扶贫等问题对当地政府部门进行拜访，经过两个多小时的访谈，科考队员对自己的科考课题都有了进一步深入的理解，并获得了十分有价值的资料信息。

另一组由李艳菊和李玉娟老师带领的队伍，则前往赣州市柑橘科学研究所，开展柑橘相关调研活动。柑橘研究所严翔副所长向大家介绍了赣州地区柑橘黄龙病的爆发趋势、区域分布情况等。讨论结束后，科考队员顺利在柑橘研究所基地取得了柑橘木虱和感染黄龙病柑橘枝条实验样本。与研究所严所长短短两小时的谈话让队员们了解了大量关于黄龙病的第一手资料，通过对柑橘研究所科研基地的实地考察，还使队员们对相关研究的具体技术方法有了更详细的了解。

下午2时，两组队员会合前往赣州市气象局进行调研。气象局高级工程师谢远玉向大家介绍了赣南地区气候等气象信息，并对赣南脐橙黄龙病爆发的气象因素做了详细介绍，回答了队员们的疑问。随后，科考队员来到赣州市果业局，赖总工程师向队员们介绍了目前赣南脐橙、柑橘产业发展状况，并对该地区柑橘黄龙病病情防治等做了详细论述和讨论。

图10　队员们拜访赣州市气象局和果业局合影留念

下午6时，队员们在指导老师李艳菊和辅导员刘惠康的带领下前往章江武龙大桥、章江大桥、赣州浮桥三地，对赣南地区河流水质进行现场采集，做好标记以便后期研究分析。

图11　队员们对赣南地区各河流水质进行现场采集

通过一天的科考，队员们了解了赣南柑橘产业、黄龙病防治情况和当地部门的精准扶贫政策、扶贫落实状况，采集了当地水样，也感受到了赣州当地部门的热情，同时也对随后的科考行程充满期待。

奔赴安远，采样调研

7月15日上午，为了解安远县果业发展及黄龙病对柑橘产业的具体影响，科考队从赣州市抵达安远县，对安远县果业局的相关工作人员进行了采访。

图12　队员们拜访安远县果业局合影留念

安远县果业局的魏站长为大家详细介绍了安远县的果业发展现状，重点讲解了柑橘产业的发展情况以及黄龙病对安远县柑橘产业造成的损失，并针对本县柑橘病的防治方法做了重点介绍。科考队员们也纷纷从不同角度发言提问，魏站长耐心地对各个问题做了解答。会议结束，同学们同魏站长合影留念。科考队员们收获满满，获得了详细可靠的信息，从而为进一步的科研提供了重要保障。

随后，科考队一行来到了此行的第二站，位于安远县鹤子镇的王品农业科技有限公司。该公司的主营项目包括优良柑橘无毒苗木繁育、万亩柑橘示范园，及有机肥料开发。在公司吴总的带领下，科考队参观了无毒苗木繁育基地及柑橘示范园，取得了无毒苗木健康株的枝条，用作后续的相关研究。

图13　队员们前往王品农业科技有限公司采集样本

下午2时左右，科考队奔赴科考任务的最后一站——东江源头的三百山自然保护区。东江是我国香港地区的主要供水来源，是国内唯一一处对香港同胞有饮水思源意义的河流。队员们分别在不同地段获取了珍贵的水样。此外，队员们也对景区内丰富的植物资源进行了采样调研。

图14　队员们参观三百山自然保护区并采集源头水样

图15 李艳菊、李玉娟老师组织大家召开日常例会，明确任务分工

晚上，李艳菊、李玉娟老师和辅导员刘惠康老师组织大家召开了日常例会，科考队员们分别对取得的成果进行了汇报和总结，并针对每位队员的研究课题对明日任务及分工进行了分配。

通过今天的实际考察，生态科考队对安远县柑橘产业的发展以及黄龙病的爆发史有了更深入的了解。在安远县鹤子镇和三百山自然保护区取得了珍贵的抗性株样品和水样。虽然一天的行程略显繁重，但是队员们都坚持完成了任务，互相鼓励并对明天的任务充满了信心和期待。

寻乌探访，实事求是

2017年7月16日生态科考江西队来到了本次生态科考的最后一站——赣州市寻乌县开展相关科考取样行动。本次生态科考得到了寻乌县领导的大力支持。在县相关单位领导的陪同下，科考队对寻乌县多个乡镇柑橘生产示范基地进行现场调研、样本采集同时对寻乌县东江源头进行水样采集。

图16　队员们前往寻乌县开展科考取样行动

上午9时，在果业局局长彭开云等人的带领下，科考队员前往澄江镇的黄岗金皇果园基地。基地负责人向大家简要介绍了近几年柑橘基地的发展情况和基地严格的管理措施。

图17　科考队员前往澄江镇的黄岗金皇果园基地合影留念

图18　队员们前往三桐村椏髻钵山东江源村进行水源考察

随后，科考队员们考察了按照“生态建园”建立的富橙果业专业合作社，了解了该社柑橘种植的规模现状及防控木虱的举措，并对当地健康植物进行标本采集以留备后期实验。返程途中，果业局彭局长在随行的大巴上，向大家更详细地介绍了寻乌地区柑橘业的发展现状，并耐心地解答队员们提出的各种疑问。

为了解寻乌县水质保护现状，中午短暂休息后，科考队一行前往东江源头第一山——三标乡三桐村椏髻钵山东江源村进行水源考察。在当地领导的热情接待下，队员们了解了椏髻钵山的发源历史，顺利取得了水样，并获取了该地水质情况、生态保护措施及扶贫政策等多方面的信息。科考队员们在当地感病果园采取了病株的枝叶、土壤，并对果园木虱数目进行了统计和取样留作后续研究。此外，队员们返回途中还在流经寻乌县城的马蹄河进行了水体样本采集。

寻乌县一天的科考过程中，队员们目睹了柑橘黄龙病对当地果农造成的巨大打击，了解到当地政府在防治工作上所做出的努力与尝试，更感受到了当地群众对生态科考活动的支持，对于每一名科考队员来说，这既是一份鼓励，也是一种责任。所以，在未来的日子里，希望队员们以更加严谨认真的态度完成本次科考任务，为寻乌的发展建言献策。

寻乌探访，实践求真

2017年7月17日生态科考队继续在赣州市寻乌县针对水质检测及当地精准

图19　生命学院院长罗爱芹为广东富阳生物科技有限公司大学生社会实践基地授牌

扶贫和农业转型开展相关科考取样和调研活动。为提高科考行动效率，科考队分为两组，一组队员参加寻乌县与北京理工大学生命学院的合作座谈会，另一组队员则继续对寻乌县当地不同河段水样进行采集和检测。

上午9时，寻乌县与北京理工大学生命学院合作座谈会准时在寻乌县政府会议大厅召开。会议首先进行了北京理工大学生命学院与广东富阳生物科技有限公司共建大学生社会实践基地的揭牌仪式。寻乌县县长杨永飞、北京理工大学生命学院院长罗爱芹发表讲话，对寻乌县与北京理工大学接下来开展的合作进行了座谈。

随后，在生命学院院长罗爱芹的带领下，全体队员前往寻乌调查纪念馆进行参观。在纪念馆人员的讲解下，队员们参观了毛泽东同志旧居、寻乌调查陈列室，队员们对毛泽东同志提出“没有调查就没有发言权”的精神有了更深刻的领悟。

下午，队员们前往南桥镇古坑村进行调研。谢镇长和村主任分别对古坑村的基本情况及当地产业发展做了介绍，并详细回答了队员们关于油茶产业及文化扶贫等方面的问题。随后，谢镇长带领队员们来到南桥扶贫产业示范区绿博葡萄产业基地及蔬菜基地进行实地参观。在参观过程中，谢镇长为大家讲解了政府在推动产业转型过程中对企业的扶持措施和企业的发展状况等。

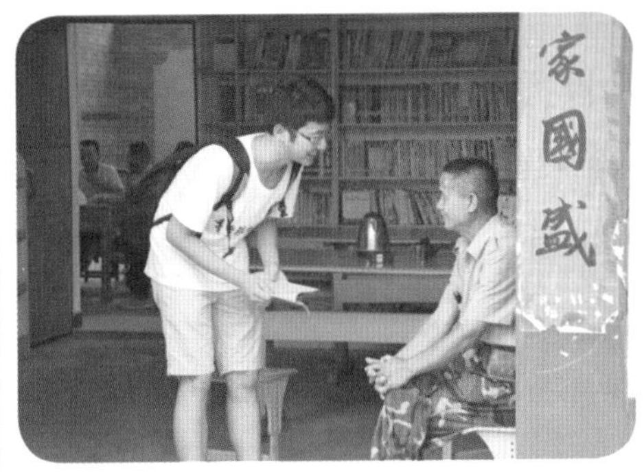

图20 队员们参观寻乌调查纪念馆并前往南桥镇古坑村进行调研

结束了一天的科考，大家都收获满满，正如毛主席在《寻乌调查》中所说“没有调查就没有发言权”。队员们亲自前往当地考察取样，与当地老百姓进行讨论座谈，为科考调研活动提供了有力的材料。相信队员们在未来的科考活动中，定能取得成果并有所收获。

图21 队员们前往南桥扶贫产业示范区合影留念

困知勉行，再见江西

2017年7月18日，是江西生态科考行程的最后一天，相对于前几天较为紧凑的日程，今天的工作任务较为单一，队员们乘车返回赣州市对章江、贡江及汇合处水系进行水样的采集工作。

图22　队员们在龟角尾公园合影留念

科考队前5天的工作主要集中在走访瑞金、赣州和寻乌等地相关政府部门，参观柑橘、脐橙等产业示范基地，采集植物样本、土样和水样等。早晨8点，队员们前往赣州，来到东河大桥下龟角尾公园的章江和贡江水段、飞龙大桥下水段进行采集水样工作。

结束水样采集工作去往火车站的路上，指导老师刘惠康组织大家对6天的科考进行了总结并对总结进行了点评指导，还针对科考队结束科考的返京行程做了具体安排，保证大家安全，告诫队员科考行程虽然结束了但是还有大量的后续实验及总结工作需要完成，在返京后切勿松懈，要以更加饱满的精神状态完成后续工作。

下午5时，科考队员在赣州火车站前合影留念后踏上了回京的列车，本次赴江西生态科考行程圆满结束。同学们在参与的同时，不仅获得了成长、积累了科考的经验，更培养了吃苦耐劳、不怕艰苦的团队精神和服务国家、报效社会的爱国精神。相信他们能够顺利完成接下来的后续工作，取得理想的成果。

图23　科考队员在赣州火车站前合影留念

后记

回望科考的整个过程，从瑞金红井到寻乌调查纪念馆，队员们一路感受着红色文化带来的震撼与洗礼；从会昌石门村到寻乌南桥镇，队员们目睹着黄龙病对当地造成的巨大损失和深刻改变；从安远三百山到赣州八镜台，走访的记录填满了笔记，采集的水样也装满了纸箱。7天的征途中，队员们收获着，成长着，在积累科考经验的同时，也培养了吃苦耐劳、不怕艰苦的团队精神，最重要的是，队员们开始明白短短的一句“第五次反围剿失败”的背后付出的鲜血代价，能够去体会“2013年黄龙病在安远造成的损失约10亿元”背后的辛酸和无奈，能够懂得“青年服务国家”这句话的分量和责任。生态科考带给队员们的不仅是对社会、对生活理性的思考，更让队员们明白了一个青年学子应有的信念与担当。

1.2 晋中之行

2017年这个夏日，科考队员们满怀着青春的激情，以感恩的心态，用心学习领会习近平总书记“精准扶贫”系列讲话精神，用双脚丈量贫困地区的现状，亲历地方政府扶贫的举措与基层变化，用双手奉献点滴力量。北京理工大学山西方山生态科考队以“支教科考助力精准扶贫”为主题，赴方山县桥沟村北理工暑期学校开展精准扶贫、支农支教生态科考活动，走访了3个当地民政部门，实地调研了6个贫困乡村，采样检测了13个地点的土壤水样，用青春的气息、感恩的心情走进贫困地区，奉献点滴力量。

在2004年活动启动之初，生态科考就鲜明地举起了“关注生态”的旗帜。10多年来，这份对中国生态的关注从未改变，而角度和思考也愈发系统。10多年来，考察未曾间断，方式和思路也伴随积累不断发展。凝心聚力打造的“探索自然、服务社会、感受文化、孕育创新”的生态科考不忘初

图24　山西队科考队员发团合影

心，继续砥砺前行。为深入学习贯彻党的十八届五中全会精神、响应习近平总书记关于“精准扶贫”的重要号召，北京理工大学与方山县形成了一对一的精准扶贫体系，以此为契机，2017年，山西生态科考队以“支教科考助力精准扶贫”为主题，赴方山县桥沟村北理工暑期学校开展支教及生态科考活动。通过走进田间地头、近距离接触贫困户，队员们更加深刻地了解了贫困地区的致贫原因及精准扶贫的相关政策，从而深刻领会到了打赢脱贫攻坚战的重大意义，在实践中受教育、长才干、做贡献，知国情、关民意、献良策，更自觉地加入扶贫攻坚的事业中去。

千里之行，始于今朝

历经半个多月的科考前期准备，2017年7月15日，科考队进行出发前的最后准备，指导老师们对每位队员的课题提出调整建议与指导意见，同时给予队员们鼓励，让队员们做好迎接困难的准备，提升队员们不怕苦、不畏难的信心。

图25　山西队在出发前进行会议讨论

17日，生态科考队抵达了本次科考的目的地——吕梁市方山县。队员们经过短暂的休整后，根据桥沟村的地形、地貌以及人文特点，及时召开小组会议，从教育、社会保障、生态建设及产业链发展等方面商讨生态科考的蔬菜大棚产业链、水质及土壤考察等问题，确保各队员的课题具有较强的可实施性。在课题讨论结束后，带队辅导员刘奇奇老师及队长就每位队员的支教内容逐一进行了审查与评估，最终确定了动植物简介、常见中药辨识和健康教育等内容。

图26　队员们到达吕梁合影

来到方山县的第一天，队员们热情满满，初步了解了当地情况，并对之后的支教生活有了更多的期待。经过对课题的认真讨论和思路梳理，科考队员对科考目的的了解更为明确，思路更为清晰，相信每一位队员对接下来的科考都会有所思考、有所感悟。自此山西方山县生态科考正式拉开帷幕，前方路途艰难，但每一名队员都不忘初心！对明天充满了期待！

花开心间，香漫方山

2017年7月18日，和煦的阳光照进暑期学校，原本安静的北理工方山暑期学校渐渐热闹起来，队员们虽身体疲惫，内心却一片火热，准备迎接支教和科考的第一天。生态科考队的7名队员分为3个支教和科考小组，各个小组间分工明确，各司其职。今天队员们的任务无疑是重要的，紧凑的课程和丰富的知识一定会让这忙碌的一天变得与众不同。

随着可爱灵动的小朋友步入教室，队员们迎来了紧张而又充实的支教生活。趣味性的化学实验、基本中草药的认识以及健康知识的讲解，孩子们积极踊跃参加，认真回答问题。支教队员们声情并茂的讲授，寓教于乐的方式，深入浅出的见解，举一反三的分析，吸引了同学们的注意力，他们脸上的表情，时而凝思，时而神采飞扬，时而频频点头，时而低首微笑，教室里不时地传来老师们的讲课声和同学们朗朗的读书声，好似一支和谐的合奏乐曲。

图27　队员在方山北理工暑期学校支教

爱心支教一直以来都备受争议，“弊多还是利多”，大家对此争吵不休，但是利弊并不是评价事情的唯一标准。第一天的暑期支教后，大家懂得了教学目的是提高孩子们的好奇心和学习兴趣，支教的内容或许微不足道，而它更大的意义在于带去关怀与希望。“一个人只能为别人引路，不能代替他们走路”，一节课带来的知识是有限的，而提高孩子们的好奇心与学习兴趣，教他们学习去爱，去感受世界的广博与精彩，对孩子们才意义重大。同时队员们也从孩子们身上学会了感恩、尊重和单纯的快乐。支教活动还在继续，在奉献爱心的道路上，北京理工大学生命学院将继续以包容奉献的姿态坚定地走下去，将继续把爱心传递下去！同时，队员们期待明天会更有收获！

播种希望，收获梦想

带着新的梦想，新的希望，新的目标，队员们紧锣密鼓地开展了第二天的科考支教活动。为了给孩子们普及安全知识、丰富他们的课余生活，队员们精心准备了安全知识、地理知识科普和京剧欣赏。早早在教室里等待的孩子们，一看到志愿者们，都露出了满脸的微笑。

随后，方山县副县长刘博联，生命学院党委副书记、副院长刘晓俏，宇航学院党委副书记、副院长方蕾带领部分科考队员前往蔬菜大棚进行走访。在大棚前，刘副县长向队员们介绍了大棚的建造情况，它是由方山县政府、农户、北京理工大学三方出钱建造的，并建立了蔬菜专业合作社，由政府派遣技术人员帮助村民解决大棚种植过程中遇到的问题。除此之外，他还向队员们介绍了蔬菜的种植种类，其中西葫芦是收益最好的一种。县政府还帮忙打通了当地西葫芦的销售渠道，与当地的餐馆和学校开展了商讨和合作，并取得了良好的成果。政府还鼓励农户种植中草药，为农户生活增添收入。刘副县长表

图28　刘书记与支教队员们进行深切的交谈

示，县政府还会不断努力，尽快使农民走上脱贫致富的道路。

最后，领导与老师们对队员们寄予厚望，希望他们能积极投身社会实践，开阔眼界，锤炼品格，锻炼意志，同时让队员们明白教师的基本任务是传道授业解惑，要求队员们充分准备教案，不断改进教学方法和方式，及时进行归纳总结，要时刻对学生负责，对家长负责，对自己负责。刘晓俏强调，这次生态科考是一次难得的社会实践服务，是理论与实践的结合，要坦然接受过程的酸甜苦辣和结果的成败得失，这样人生才会更加精彩。

此时此刻的队员们深刻地意识到，只有通过自身的不断努力，拿出百尺竿头的干劲，胸怀会当凌绝顶的壮志，不断提高自身的综合素质，才能扬起理想的风帆。至此，支教活动要接近尾声了，队员们更期待明天的生态科考！

寻径探访，采样调研

2017年7月20日，生态科考山西队队员分为两组，带着不同的任务出发了。一组由辅导导员刘奇奇老师带队，按照计划前往方山县各地采集土样和

图29　队员们采取北川河水样

水样。队员们首先来到了位于北川河中南部的来堡村，在对当地的环境有了初步的了解后，开始了土样及水样的采集工作，并测量河流的水温，然后对当地农田进行土样的收集，并记录土壤温度。在记录流经大武镇河流水样温度后，辅导员刘奇奇老师带领大家前往武回庄村，对当地的河流及农田进行水样及土样的收集，同时记录水温及土壤的温度。

中午稍作歇息后，辅导员刘奇奇老师又带领大家前往横泉水库，对横泉水库上游、中游和出口的环境进行考察。在完成对横泉水库环境的考察之后，队伍返回桥沟村，对采取的水样和土样的各项指标进行详细测定。

图30　队员走访方山当地政府

另一组由生态科考山西队队长童薪宇带队，针对方山县教育扶贫的现状以及方山县初高中升学率和师资力量等方面，前往方山县教育局进行调研。教育局局长田德隆热情地招待了队员们，并对队员们提出的问题做出了详细解答。除此之外，田局长还向大家介绍了方山县的初高中学校发展情况，并表示教育局将不断努力发展教育扶贫，使每位学生都能享受到更好的教育条件。经过约一个小时的访谈，队员们对方山县的教育现状有了更加清晰和深刻的认识。过后，队员们对自己的研究课题进行了补充和完善。

通过今天的走访和科考，队员们对方山县来堡村等地的水质和土质现状有了大致的了解，还对方山县的教育规划以及教育扶贫现状有了更加细致的了解和认识。尽管过程中困难重重，但队员们团结一心，各尽其责，最终将困难一一克服。正是这种团队合作和不畏困难的精神凝聚了生态科考山西队成员。科考队员们一定会坚定信心，一如既往，步步前进，直至攀上成功的巅峰。

崎岖科考路，精准扶贫线

为期4天的支教任务结束后，为进行关于土壤水质检测及社保养老、教育扶贫相关的课题研究，生命学院生态科考山西队于7月21日进行了集中科考调研。为提高本日实践效率，队员分为土壤社科组和水质检测组两组，分别由生命学院副教授赵东旭老师和辅导员刘奇奇老师带队。

为延续2016年科考队对方山县土壤的采样研究，土壤社科组由北至南沿北川河流域依次对杨家沟村、刘家庄村、阳圪台村进行土壤采样，同时相关

图31 采取土样、走访刘家庄村

课题队员开展了针对社保养老及教育扶贫问题的实地走访。在方山县杨家沟村，村主任张存亮详细地介绍了旧村搬迁，村民教育支出，村集中种植业、养殖业的相关现状和未来发展路线。在张主任的指引下，队员们对村中农地和集中种植地土壤及苋草植株进行取样，并来到位于旧村村址旁的杨家沟村牧场，通过对当地牧场的实地考察，了解到集中种植和畜牧业经济对当地村

民的补助情况。为得到队员课题中关于方山县光伏扶贫产业相关政策的详细信息，队员们随后来到方山县积翠乡刘家庄村，刘家庄村第一书记韩书记介绍了目前刘家庄村光伏扶贫产业的实施情况：由县政府主要提供资金支持，国家电网参与筹建，投入实施后，将从光伏产业获益分配和提供就业岗位两个方面对当地贫困户进行资助。韩书记的介绍让队员们感受到了方山县政府对于光伏产业的大力支持，同时让队员们对于方山县光伏扶贫的前景充满了期待。下午5时在阳圪台村村办主任冯兴平的热情接待下，队员们来到方山县阳圪台村，进行常规农地土壤及庞泉沟自然保护区中林地土壤的采样。

图32　队员们在横泉水库采样

水质检测组为了调查方山县各地的水质状况，计划由北至南沿北川河流域依次对流经赤坚岭村、桑胡湾、建军庄的河流以及横泉水库上中下游进行水样采取。在方山县赤坚岭村，村主任在了解队员们的来访目的后，主动带领队员们前往村尾的河流处。队员们对其周围土壤地形和生长的植物和农作物种类进行了调查，并对其进行采样工作以了解北川河出县城前后的水质的变化情况，队员们又分别对流经桑胡湾和建军庄的北川河流域进行了水样采集，并将其对比分析。此外，队员们还在赵东旭老师的带领下前往横泉水库，分别对水库上中下游以及水库中心进行水样收集。

经过一天的科考，队员们发扬吃苦耐劳和实践求真的精神，完成了对方山县水样和土样的采集和检测任务，并对方山县农村家庭教育和光伏发电等问题有了更加深刻和细致的了解。在赵东旭老师的指导下，队员们对各自的课题进行了补充和完善，并努力总结出一篇调研报告，希望为方山县的生态建设和一些社会问题的改善提出有效建议。

访庙底新民两村，探三晋第一名山

7月22日，山西方山生态科考队的调研任务已渐渐接近尾声，科考任务虽不如前一天那么繁重，但依旧充满挑战，不容忽视。

上午，为进一步完善调研课题，队员们赴庙底、新民两村进行实地走访。庙底村村主任刘平及新民村第一书记李宝宝热情地接待了科考队员们，并将庙底村和新民村的教育、社保养老和当地的支柱产业进行了详细的介绍。

2015年起，两村为脱贫致富，对村子的经济、文化做了整体规划，两村都开展了“一对一精准帮扶”活动，并不断完善基础建设，加大招商引资力度，投资建设文化广场，丰富业余生活，这些举措都深受当地村民好评。新民村李书记还表示，村民们现在的生活状况已经得到较大改善，为继续引领村民们走向富裕的道路，希望未来能有政府帮扶引进人才，真正让村民们过上“老有所依，幼有所养”的富足生活。

队员们都感同身受，人才是科技发展、经济振兴，乃至整个社会进步的根本。对于当代大学生，所能做的就是学以致用，更好地去建设家乡，建设祖国。

图33　走访庙底村、新民村

午后，队员们继续前往北武当山。山上树木种类繁多，野生中药材有千余种，有上百种名贵药材，大自然的鬼斧神工，造就了钟灵毓秀的北武当山。因此，队员们将北武当山作为采集土壤样品的地点之一。

因坡陡路窄，队员们只能徒步前往山顶取样，烈日下，队员们汗流浃背、气喘吁吁，脚步也变得愈发沉重，但他们发扬着不抛弃、不放弃的精神，相互鼓励，相互支撑，最终登上山顶，采得来之不易的土壤样品。

图34　队员在北武当山采样

结束了忙碌而又疲惫的一天，例会上，大家纷纷进行总结与讨论，对两村村干部给予了很高评价：他们高度重视“精准扶贫”政策，着重发展特色产业及生态环境建设；他们脚踏实地、认真负责，是队员们的榜样。艰辛知人生，实践长才干，每次的调研都能磨炼队员们的意志，增强队员们的信心，开阔队员们的视野。

“路漫漫其修远兮，吾将上下而求索”，队员们将继续发扬风格，不畏艰险，拿出百尺竿头更进一步的干劲，继续奋斗，砥砺前行。

砥砺前行，感恩方山

为期7天的山西科考调研活动进入尾声，7月23日，科考队按计划进行各个队员课题调研的收尾工作。为提高科考任务的完成效率，山西科考队员分成了土样检测小组和蔬菜大棚走访小组，分别由土壤组课题负责队员李祎祎和生命学院辅导员刘奇奇老师带队。

经过前两天的样本采集、土样烘干溶解与静置等严谨的实验操作后，土样检测小组按国标中土样检测的标准取部分土样与水的混合液中的上清液，对各个指标进行检测。相对于水质检测而言，土样检测所需时间更长，操作也更为复杂。本次土样检测是针对21日所采集的方山县北部的杨家沟村、刘家庄村、阳圪台村3个村落的农田土壤及庞泉沟自然保护区林地土壤共8个样本的测定实验，并由小组队员分工测试各个指标。尽管当地的实验条件比较艰苦，但小组成员克服各种困难如期完成了对土壤样本pH、COD、总氮、总磷等指标的测定，得到了课题研究相关的一系列原始数据。

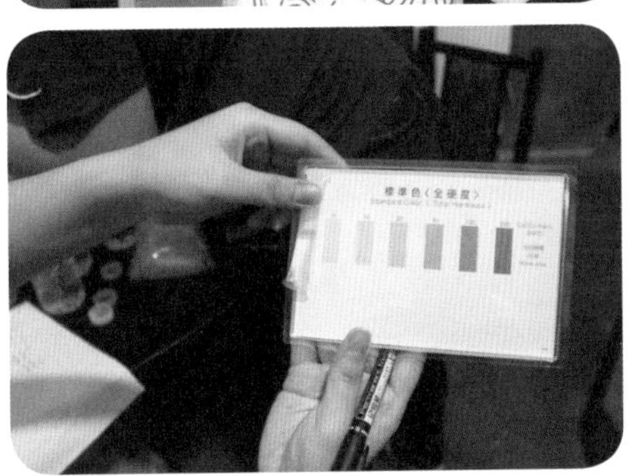

图35 队员们在进行样品检测

为完善队员对蔬菜大棚产业链的课题调研，辅导员刘奇奇老师带领队员们前往方山县桥沟村蔬菜大棚区对农户进行了再次走访，在对农户的询问中，队员们了解到大棚的销售方式、虫害情况、蔬菜销售成本售价以及收成状况等产业链的详细情况。这些基础数据将帮助队员更加高效地完成相关课题，同时从基层的角度出发为当地蔬菜大棚农户带来以“桥沟模式”为典型发展模式的分析指导。

图36 队员们走进大棚展开调研

完成既定任务后，生态科考山西队正式结束了所有的科考行程。晚上的例会中，队长听取了每位队员课题研究内容的完成情况并对各自返京后所需完成的工作进行了安排布置，同时带队老师刘奇奇对各个队员在这段科考过程中的辛苦付出表示肯定，并鼓励大家认真完成课题，让所有的辛苦付出都有所回报。

7月24日，生态科考山西队顺利抵达北京西站，自此生态科考已经圆满落下帷幕，在接下来的时间里，队员们将对采集到的样品进行进一步深度分析，对收集到的原始资料进行整合与归纳，以此完善各自的科考调研课题。

后记

生态科考是一段辛苦又充满收获的探险，深入方山，走进基层，进入一户一村之中，队员们看到了“精准扶贫”的点滴进步，当地百姓得到的切实利益，经济发展下的生态建设，将所学化为所用，科考提供给每一位队员将理论学习转化为实践的机会。科考的行程虽然已经结束，但队员们仍将砥砺前行，以实践成果回馈方山。

“但愿苍生俱温饱，不辞辛苦入山林。”在大山深处还有百姓挣扎在温饱线上，在方山县还有村民等待政府兜底救济，在实现“中国梦”伟大复兴的征程中，我们每一个人都要紧紧拉着贫困户的手，带领着他们走出困境，让真正需要帮扶的群众享受到扶贫开发的阳光雨露。正是生态科考为青年学人提供了“为人民服务”的平台与机会，让他们通过走进社会、深入基层，了解农民、农村、农业，重新感悟、把握为人民服务的真谛，不为世俗所扰，不为物欲所累，真正志存高远，心系百姓。生态科考队队长童薪宇说："短短数日的支教与科考之行，感受了山西贫困县蓬勃发展的脱贫攻坚战，精准扶贫模式在方山县处处开花。队员们作为当代大学生也贡献了自己的绵薄之力，利用自身专业优势考察方山的生态环境，以期为当地的生态建设扶贫模式建言献策。结束科考，得到的不仅仅是标本数据，更多的是作为青年服务国家的担当与责任。实践方能出真知，队员们将用所见所学投入今后走向社会、服务国家的行动中去！"

图37 队员们离开方山前的合影

在十余年里，生态科考队一直以"探索自然、服务社会、感受文化、孕育创新"为主题，取得了突飞猛进的进步，获得了傲人的成绩。相信在未来的岁月里，生态科考队定能一振千里，翱翔长空！

1.3 陕北之行

自2004年起，北京理工大学生命学院就以“探索自然、服务社会、感受文化、孕育创新”为主题，以促进大学生群体思想成长和素质提升为目标开展生态科考活动。2017年7月31日，生态科考队重装出发，主要针对古都西安在“一带一路”视野下的战略地位、延安精神传承发扬、延安地区农果业及水土地质等相关课题，在西安和延安两地开展了为期6天的科考活动。

经历了前期课题的确定、物资的准备，陕西生态科考之行，对队员们来说，已经不仅仅是一次科考之行，更是一次锻炼心志、提升自我的心灵之旅。在这里，有团队协作解决问题的温馨和力量，有面对新奇事物的年轻肆意，有艰苦完成任务后的满满幸福。在这里，队员们感受到了团队协作的巨大能量，学会了面对困难时的坚持不懈，享受了勇于挑战和突破的快乐。

图38　陕西生态科考队出发

丝路起点，寻根溯源

2017年7月31日，生态科考队举行出发仪式，北理工生命学院党委书记刘存福对队员们提出了三点要求：一是要有高度的使命感和责任感；二是要充分展示北理人不怕吃苦、团结互助的精神面貌；三是要以科学严谨的态度圆满完成科考任务。李艳菊老师对科考课题进行梳理与指导，秦奎伟老师对科考行程安排进行细化，并强调了科考安全和纪律。

在前往西安的火车上，科考队员们充分利用时间和资源，在火车上向乘客发放调研问卷，积极地与乘客就调研内容进行交流。在初次发放问卷过程中，队员们相互协作，不仅顺利完成了问卷收发任务，而且增强了相互间的感情，为接下来的生态科考团结协作打下了坚实的基础。

8月1日早上6时，科考队抵达西安，经过简单的休整，科考队分别前往古丝绸之路起点的群雕纪念园、丝绸之路未央宫遗址、大明宫遗址以及“一带一路”对外开放窗口——秦始皇陵兵马俑。通过探访古迹、发放问卷、与游

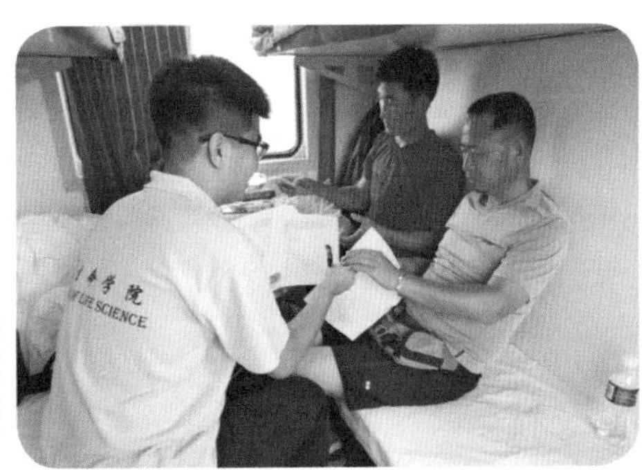

图39　发放调查问卷

人交流，队员们感受到了丝绸之路的魅力和历史意义，同时也增加了对西安“一带一路”起点旅游、文化、经济的了解。

驼铃古道丝绸路，今人犹闻唐汉风。科考第一天，行程紧凑丰富，队员们克服困难，始终保持高昂的科考热情，顺利地完成了科考任务。晚上10时召开的科考例会，对当天的科考进行了总结，对每位队员的课题进行了讨论，对随后的科考行程进行了规划和筹备，以保证科考有序高效开展。

新丝路，新起点

8月2日，伴着古城西安清脆的晨钟声，生态科考队开启了“新丝路”起点之行。上午8时，科考队抵达第一个目的地——浐灞生态园区。随着“一带一路”高峰论坛的隆重召开，西安这座兼具古代历史文明和现代风采的城市吸引了世界的目光，浐灞生态区则承担着打造陕西对外开放新高地、国际人文交流新中心的重要任务。科考队实地考察了生态区的建设，参观了浐灞生态区城建博物馆，与场馆工作人员做了深入交流，了解了浐灞生态区目前的

图40　走访浐灞生态区，偶遇中国地质大学实践团

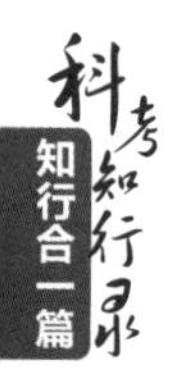

建设情况，即未来成为西安“一带一路”建设的重要平台，为欧亚各国开展务实合作提供新的平台，实现欧亚经济体互利共赢的新助力。

随后，科考队前往第二个调研点——西安领事馆。西安领事馆位于西安浐灞生态区，目前马来西亚、泰国、柬埔寨等国的场馆建设已完成，未来将作为西安走向世界的新窗口，构筑对外开放新平台。科考队在走访领事馆过程中偶遇中国地质大学暑假社会实践团，双方队员就各自课题进行了交流，对方队员也配合科考队进行了问卷调查。

中午，科考队来到第三个调研点——西安大雁塔。“一带一路”建设不仅是经济的、贸易的，也是文化的、民生的；不仅是经济层面的互利共赢，更是文化和社会层面的相遇相知。科考队员们冒着烈日骄阳，在大雁塔广场发放调研问卷，通过与当地居民和游人的交流，了解到民众对“一带一路”的认识，同时通过走访也对大雁塔丝路文化有了切实的体会。

图41　大雁塔广场调研

图42 生命学院党委书记刘存福给队员们召开工作讨论会

结束了当天行程，科考队马不停蹄地乘坐火车赶往红色革命根据地——延安。晚上10时，生态科考队进行科考总结例会，生命学院党委书记刘存福在听取了科考队员的总结汇报后，对队员们不怕吃苦、敢拼能干的劲头给予充分肯定，并对科考队员接下来的科考提出了以下要求：一是抓住科考这个机遇，使自身得到提升和锻炼；二是在科考过程中传承发扬科学精神、延安精神和北理精神；三是在科考过程中践行“四个服务”和“四个坚持不懈”的要求。

两天的西安科考，队员们圆满地完成了科考任务，收获了真挚的友谊，配合也更加默契。虽然身体疲惫，但是斗志盎然，并纷纷表示在即将开启的延安科考过程中一定牢记刘书记提出的三点要求，更加专注，更加投入，迎难而上，在实践中不断锻炼自我、提升自我，用科考成果服务社会。

悠悠延河水，红色革命情

8月3日，伴着清晨凉爽的微风，生态科考队开启了红色革命根据地——延安的科考行程。

科考队首先到达延安市水务局，科考队员就延安市主要水域水资源的相关情况与延安市水务局领导专家进行座谈。会议开始，生命学院党委书记刘存福首先向水务局各位领导对此次生态科考调研的支持表示感谢，并向与会领导介绍了北京理工大学及生命学院的基本情况，指出延安是北理工人永远的故乡。接着，李艳菊老师和秦奎伟老师分别对生态科考和此次科考调研课题进行了简要介绍。

听完各位老师的介绍，水务局李总工程师对北理工科考队的到访表示热烈欢迎，同时与各部门负责领导对延安市水资源情况、城区原水供应现状及

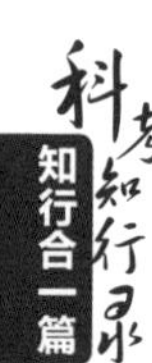

开发利用、水土保持、黄河引水工程、河长制、治沟造地等工作的进展做了详细介绍。随后，科考队员就自己课题关注问题详细咨询交流。最后，水务局领导表示期望与生命学院在解决硬水软化同时最大限度保留锶元素方面展开合作，切实提高延安地区应急用水储量与品质。

图43　走访延安市水务局

科考队一行随后来到延安市果业局进行座谈调研，主要调研内容包括延安市林果产业的发展、延安地区不同作物土壤性质差异等。会议开始，双方人员相互简要介绍后，果业局路局长详细介绍了延安市果业发展情况及成就，并着重介绍了延安因地制宜的增肥技术“豆菜轮播”和“坑施肥水”；接着，农业局分管能源、土肥、生产、园区的领导分别对分管领域工作进行介绍，队员们也针对关注问题进行咨询交流；最后，双方领导都表示将此次座谈作为一个开始，期望今后在果业发展及存在问题方面展开合作。

科考队紧接着来到北京理工大学的前身——延安自然科学院旧址，并在刘书记带领下在石碑前大声诵读北京理工大学校歌，声音中澎湃着一股激昂之情。随后，科考队探访了延安宝塔山、延安革命纪念馆、杨家岭等红色革命根据地，过程中队员们心潮涌动，一幕幕革命先烈在血与火的年代中斗争的画面浮现眼前，作为当代大学生一定要立足当前，认真分析解决问题，着眼未来，继续发扬艰苦奋斗的延安精神。

图44　走访延安市果业局

当天科考行程结束后，科考例会照常举行，同学们就自己当天行程任务及隔天规划进行了简短的总结，虽然辛苦，但是细数科考收获大家都露出喜悦的神情。接着，党委书记刘存福就科考活动对队员们提出三点要求：一是要弘扬正能量，从正面看待问题；二是要高标准要求自己，提前做好充足准备；三是要合理布局课题，站位要高，格局要大，立足长远。最后，刘书记也鼓励队员们再接再厉，在接下来的科考过程中效率更高，效果更好。

科考行程已经过半，科考队员们都有了很大收获。尽管烈日炎炎，但科考队员依然保持着积极的态度迎接挑战；即使行路疲惫，但科考队员彼此协作，相互帮助，携手共进。

安塞跋涉，调研取样

2017年8月4日，生态科考第四天，一大早，科考队一行经过1小时的车程到达延安市安塞区南沟村现代农业生态示范园开展调研取样。

八月的安塞，山坡被绿色植被覆盖，处处盎然着生机。在延安市、区水土资源保护队领导的带领下，科考队深入南沟村各生态果园进行实地考察，现场取样分析。

在生态园区，队员们认真聆听了安塞区水保队贺队长对南沟村生态农业园区建设和治沟造地工程进展的介绍。安塞区南沟村作为现代农业生态示范园区，建成后北接枣园、南连万花，将在延安外围形成一条新的旅游环线，给延安市区居民以及外来游人提供一个集休闲、垂钓、采摘、科普、观光农业、农耕体验于一体的旅游度假区。园区果园面积700多亩[①]，其中苹果种植

图45　延安市安塞区南沟村现代农业生态示范园

① 1亩=666.666平方米。

面积达500余亩。队员们也根据自己课题关注的问题与园区负责人进行了深入交流。听完介绍后，队员们根据课题内容分两队分别前往苹果、樱桃、大枣、葡萄、桃、梨、杏园区及治沟造地示范点进行土壤样品采样。采样过程中队员们严谨细致，科学认真，按照“随机”“等量”和“多点混合”的原则进行，保证现场测试及后期实验及结果的科学严谨性。

科考之余，科考队在延安大学生命科学院院长带领下参观了延安大学校史馆，了解到延安大学与北京理工大学同诞生于战火纷飞的红色年代，两校同根同源，共同肩负着建设中华人民共和国的历史重任。最后，队员们针对延安精神对当代大学生的成长启示在延安大学内发放调查问卷并交流。

生态科考接近尾声，例会依旧如期召开，秦奎伟老师对当天的工作进行了简短的总结并对最后一天的行程进行规划，同时叮嘱队员们一定要做好各自课题任务的收尾工作，提前做好后期的实验准备、成果凝练工作，并及时将科考成果反馈给当地相关部门，实现生态科考“服务社会”的主旨。

挥别陕西，满载而归

8月5日，迎着革命圣地延安清晨的第一缕阳光，生态科考队踏上了最后一天的科考征程。

生态科考队首先到达延安市宝塔区柳林镇孔家沟村，对该村山地苹果示范园进行了实地调研。孔家沟村村委书记崔志海向科考队员介绍了苹果园的种植面积、产量以及近年来果树的生长情况，同时着重向科考队实地展示了果园内因地制宜的“豆菜轮播”和“坑施肥水”等增肥技术。

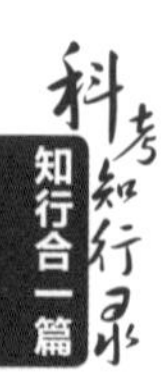

图46 延安市宝塔区柳林镇孔家沟村山地苹果示范园

为研究不同作物土壤理化性质差异以及两种土壤增肥技术的实用性，科考队员在果园内设置了不同的采样点，并计划采集土壤样品回校进行土壤微生物、肥力及相关理化性质的测定。

王瑶水库，位于黄河流域延河支流——杏子河中游，担负着延安地区6.5万亩耕地灌溉、40万人口饮水以及防洪安全的重要任务。为了研究延安地区主要水域及水质情况，科考队沿途在王瑶水库及延河上中下游采集水样，并现场对样品浊度、温度、pH值及基本理化指标进行测定，剩余样品计划回校进行微生物种类、数量等指标的测定。

最后一站，科考队抵达我党开展大生产运动的主要基地——南泥湾。队员们探访了南泥湾大生产运动基地及三五九旅驻扎旧址，并对当地代表作物水稻及玉米田进行实地考察，过程中队员们被老一辈革命家在当时军事包围、经济封锁形势下“自力更生，艰苦奋斗”的南泥湾垦荒事迹所感动，增强了自身战胜一切困难的信心和勇气。

至此，为期5天的陕西生态科考任务圆满结束。

图47 科考队在南泥湾

后记

从出发前半个月的紧张计划到五六次的激烈商讨，都是为了圆满完成为期5天的科考任务，可以说对待科考，“队员们必须是认真的”。8个人，8个行李箱，8个背包，2架相机，1箱加若干袋子的科考物资是队员们整个队伍的组成部分，“一个都不能少”。5天的时间，每晚10点例会照常进行，而后队员们整理物资、挑选照片、写新闻稿、商讨下一步计划，一直到凌晨一两点才睡觉，第二天早上7点队员们再斗志昂扬地准时起床赶赴下一个科考地点，依然活力满满。车上写新闻稿、修改照片已成为家常便饭。冒着骄阳发放调研问卷，碰到外国友人克服心理斗争主动问好是一种锻炼，而苹果园里吃苹果，葡萄架下摘葡萄，品尝路边的野瓜，也成为科考过程中美好的插曲。

图48　毛泽东纪念馆留念

5天的时间，科考队共走访了延安市水务局、果业局等5个政府部门以及8个果园示范区；5天的时间，科考队走访革命旧址5处，丝绸之路遗迹6处，发放回收纸质版调研问卷近300份；5天的时间，科考队采集延河水样16份，土样35份；5天的时间，科考队陕西省内行程1 000多千米，积累图文音频数据资料超20GB。

2017陕西生态科考虽然只有短暂的5天，但是科考队取得了丰硕的科考成果，队员们共同经历了各种困难与挑战，也建立了深厚的科考友谊，增强了自身服务社会的责任感与使命感，也切实践行了生态科考“探索自然，服务社会，感受文化，孕育创新”的主题，更实现了从“走向社会”到“服务社会”的重大转变。

Chapter 02

第二章

不忘初心

——生态科考之感悟

前　言

“生态科考”是北京理工大学生命学院在学校各部门的支持与帮助下，凝聚十几年心血全力打造的以“探索自然、服务社会、感受文化、孕育文化”为宗旨的学生主题社会实践活动。十几年来先后奔赴“塞上江南”宁夏、“航天之城”甘肃酒泉、“宝岛”台湾、“植物王国”云南西双版纳等十多个地区进行考察，足迹遍布大江南北，也曾远赴俄罗斯和加拿大开展国际交流，积累了大量的经验和成果，取得了巨大成功。科考规模逐年扩大，今年由来自生命、化学与化工、材料、宇航、机械与车辆学院的28名队员组成了从本科到硕士层次的科考团队，分赴江西、陕西、山西进行多课题的调研走访。

正如毛主席在《寻乌调查》中所说“没有调查就没有发言权”。各组队员们亲自前往当地考察取样，与当地百姓进行讨论座谈，向政府部门咨询请教，为科考调研活动提供了翔实的材料。早出晚归，跋山涉水，取样调研，走访座谈，科考每一天的行程满满，也所获颇丰。

队员们从大学课堂走向实践，短短几天科考给了队员们太多的思考与启迪，整个过程也是对队员们的一次历练，科考过程中的欢笑、困难、成长也将成为每一位科考队员人生的宝贵财富。

2.1 生态科考江西队队员科考感悟

图1　江西队队长，张琼文

北京理工大学生命学院，2015级生物医学工程专业本科生

队内工作：江西队队长，负责统筹规划、路线安排、购买物资等事宜。

个人感悟：长达7天的江西科考，一眨眼就结束了。一路上，我们走访了近10个部门，深入数个乡村进行调研，有苦也有累，但更多的是收获与回忆，生态科考的足迹也成了我们成长的轨迹，更让我们明白，青年服务国家，是一种担当，更是每一个青年学子肩上的重任。生态科考，我们一直在路上。

重整旗鼓，扬帆起航
——赣南柑橘产业现状调研

这次科考，我们选择了江西省赣州市作为我们的实践地。在我的印象中，赣南地区是传统的革命老区，也是国家重点关注的扶贫地区，我们此行不仅是对赣州生态环境的一次特别关注，也是对当地经济发展状况的一次调研，希望能为当地的发展贡献上一份青年学子的力量。

一、一路走来的赣南脐橙

柑橘产业，是赣南的一大支柱产业。脐橙，柑橘类的一种，果实呈橄榄球状，肉质脆嫩，含果汁55%以上，为众多吃货所追捧，其中质量最好的脐橙就产自赣南地区。在赣南，脐橙产业带来的经济效益驱动着越来越多的人从事脐橙种植。目前赣州全市脐橙种植面积世界第一，年产量世界第三，是全国最大的脐橙产区，其中“赣南脐橙”这一品牌已被认定为国家地理标志保护产品。“赣南脐橙”在占据中国市场的同时也大力扩展海外市场，一举成为国际知名的脐橙品牌，这是赣南人的骄傲，更是中国人的骄傲。

然而，2013年一场突如其来的天灾打破了这一切。黄龙病——一种由韧皮部内寄生的革兰氏阴性细菌引起的疾病，能够侵染包括柑橘属、枳属、金柑属和九里香等在内的多种芸香科植物。柑橘植物一旦感染这种疾病，最直观的表现就是叶子枯黄，果树挂果率下降，同时产出的果实又小又酸，而此时果树的根系已经腐烂并会最终导致果树的死亡。目前来说，全世界还没有找到治疗这种疾病的有效方法，果树一旦感染黄龙病最好的方法就是砍除，否则只会增加健康树的染病概率，所以对果农们来说 “见黄色变”，这种病也被种植者称作“柑橘癌症”。从2012年开始，黄龙病开始在赣南地区出现，并有蔓延之势，然而这并没有引起果农们的重视，直到2013年黄龙病出现大爆发，直接造成的经济损失高达数十亿元人民币，对整个赣南地区的经济、政治均产生了巨大的影响。

赣南地区丘陵密布，地势崎岖，这种地理特点使得当地交通状况一直处于待提高的状态，当地也一直是国家重点扶贫的地区，然而就是这个贫困地区却成了2013年黄龙病爆发时受灾最重、经济损失最高的地区。而此次病害爆发的原因有许多，除了气候等自然因素以外，一个重要的原因就是当地脐橙种植密度太高、品种太单一，这样单一的种植使得黄龙病的爆发势不可挡，柑橘树被连片砍伐，损失惨重。在这次惨痛的教训之后，产业转型成了赣州稳定社会、恢复经济发展的最好选择。

二、寻乌的后脐橙时代

汽车行走在高速公路上，我向窗外望去，只见视野中的山不是光秃秃的就是被白色的网罩所覆盖，就像给山穿上了一件防晒衣，这里就是寻乌——黄龙病受灾最重的地区，虽然早就做好了心理准备，但是当我们真正来到这里，还是被眼中的景象所震撼。寻乌，这个地处赣闽粤三省交界的县城，凭借着脐橙种植业在过去的十几年里迅速发展，结合当地先天的区位优势，一手打造了"赣南脐橙"这一闻名全国乃至世界的脐橙品牌，这是寻乌人的骄傲，这份骄傲也使得"人均一亩脐橙地"在寻乌成为现实，而这种现实最终导致了2013年那次空前的黄龙病爆发。今天的寻乌，在吸取了之前惨痛的教训后，开始合理规划脐橙种植产业，同时走上了一条产业转型之路。

从县城出发不到40分钟便到了澄江镇，从这里驱车上山，在半山腰便能看到一片片被白色"防晒衣"所笼罩的脐橙种植地，据果业局相关领导介绍，这里是一片复种区，使用的都是无毒幼苗，农药喷洒频率比以前提高不少，当谈到感染黄龙病的风险之时，领导也只能无奈地承认：对这片脐橙的未来真的无法预测。驶过崎岖的山路，我们来到了山间的一个盆地，在这里放眼望去全是分区种植的脐橙树，看得出来这里的果树长势喜人，没有染病的果树，果园的管理者自豪地对我们说"我这里的脐橙都没有黄龙病，黄龙病虽不可治，但是可防可控"。在接下来的交流中，我也发现这近乎完美的园子离不开这山间的长时间日照和较大的昼夜温差，更重要的是这里的地理位置大大降低了染病的风险。可是转念一想，这样得天独厚的条件在寻乌又能找到多少呢？或许产业转型对于一些地区而言真的就是非走不可的发展之路。

东江，一条发源自寻乌县桠髻钵山的河流，周恩来总理曾亲笔题词"一定要保护好东江源头水"。因为，东江不仅是珠江流域的三大水系之一，而且是香港同胞的第一饮用水源。影响深远的东深供水工程，引的就是东江水。东江源村，顾名思义，这个村子就坐落在桠髻钵山的山脚。这里也曾是脐橙的重要种植区之一，农业和种植业是当地最重要的经济来源，但是当黄龙病病害爆发严重，同时当地又被认定为水源保护区之后，东江源村开始实行“退果还林，退耕还林”政策，同时给予住户每亩土地300元的补助，然而这对于失去经济来源的居民来说只是杯水车薪，因此在政府的资金和技术支持下，东江源村开始发展起了蜜蜂养殖业和生态旅游业，而且目前已经初具规模。在这里，一下车看到的就是蓝天白云，当地人还热情地邀请我们尝一尝这里的东江源头水，这水十分清澈，一口喝下去真的是沁人心脾。

南桥镇——寻乌县的万亩脐橙种植基地，如今却发生了翻天覆地的变化。南桥镇地势相对平坦，脐橙的种植区域较集中，因而这里成了2013年寻乌县黄龙病害最严重的区域，造成的损失也最重，对这里而言，产业转型也成了摆脱贫困的葵花宝典。走进南桥镇下廖村，我们看到的不是万亩的脐橙园而是万亩的葡萄基地，基地里是正在忙着采摘葡萄的园区工人，听带领我们参观的领导介绍，在那次灾害过后，南桥镇种植脐橙的人就越来越少了，取而代之的是这种葡萄基地、油茶合作社等形式的新型产业，同时还给我们算了一笔账：以前种柑橘每亩地的年平均产量是8 000斤，除去人工、农药、化肥等主要支出，每亩地得到的纯利润是3 400元，改种葡萄之后，每亩地每季平均产量3 500斤，除去人工、农药、化肥等主要支出，每亩地得到的纯利润是23 000元，更重要的是当地温暖湿润的气候类型使得葡萄成熟可以一年两季，由此可知葡萄种植业带来的经济效益是相当可观的。在参观的同时，我们还有幸亲自采摘并品尝了这里的葡萄，果实虽不大但含糖量极高，吃在嘴里，甜在心里。

当我们来到南桥镇古坑村，我们一进村就看到了风格高度统一的一栋栋白墙黑瓦的客家建筑，村子的中心有一套两层高的平房，上面写着“古坑村农家书屋+电商服务站”几个大字，而这就是“苦坑村”变成“古坑村”的秘诀所在。一楼的一间是书屋，摆放着各种有关农业技术的书籍，另一间则是电商服务站，这里会有特定的服务员帮助百姓们将自家的农产品通过网络销售的方式销往全国各地。正是这种“书屋+电商”的创新模式，推动着当地的产业转型快速发展，从传统的油茶到过去的脐橙再回到现在的油茶，古坑村的产业经历了一个轮回，而在如今新农村建设不断加速的形势之下，古坑村

的村民们无疑已经走在了发展前列。

三、扬帆起航，走向未来

赣州的产业转型是在国家精准扶贫形势下必然要经历的过程，而在这一过程中，依靠的不仅是民众的配合，更是不断探索寻找适合当地发展模式的勇气，我不敢断言古坑村发展模式的普适性，但是，我认为这种创新值得更多的人去学习，这就如同此次的社会实践，它所能够教给我们的最简单也最重要的一个道理就是“实践是检验真理的唯一标准”，我想这也是此次科考给我最深的体会。

回望这7天的江西科考之旅，我们走访了近10个部门，深入数个乡村进行调研，有苦也有累，但更多的是收获与回忆，生态科考的足迹已成为我们成长的轨迹，更让我们明白，青年服务国家是一种担当，更是每一个青年学子肩上的重任。生态科考，我们一直在路上。

图2　东江源头水样取样点

图3　江西队副队长，刘昌昊

北京理工大学生命学院，2015级生物医学工程专业本科生

队内工作：江西队副队长，协助队长负责修改审核团队新闻宣传工作，担任安全员负责团队成员的安全保障。

个人感悟：保护环境是责任，建设生态是美德。北理工生命学院生态科考队始终关注国家生态环境保护，通过开展科考活动对水质、土壤等开展检测，为其保护发展提供有效可行的建议。成为生态科考队伍的一员，我感到非常荣幸，更意识到了身上的责任感和使命感。困知勉行，勇敢做自己。

困知勉行，科考在路上

青春就应该去做有意义的事，莫让时光浪费。怀揣着这样的想法，我报名了生态科考江西队并有幸成为北京理工大学生命学院2017江西科考队伍的一员，参与到对江西瑞金、赣州和寻乌三地的生态科考和社会调研活动中。

首先对我而言，收获最大的阶段是前期活动的计划和准备。一项大型的活动需要精心的设计和准备，才能做到万无一失、顺利开展。生态科考队前期的充分准备使得任务开展顺利，我知道了一项严谨的社会实践活动前期的准备活动从来都是非常重要的，充足的准备能够事半功倍。这不仅仅包括一个队伍的住宿、交通、餐饮等生活问题，队伍在出发前就做好了当地走访的

详细任务规划和相关资料调查计划，队员们对各自研究课题的方向都有着明确的认识。在每天的科考结束后，队员们在老师的带领下在宾馆集合开会，首先会对当天的成果进行汇报，再明确各自第二天的任务，并且根据所得对课题进行深入讨论。有时会因为任务的安排商量到很晚，有时会因为课题的提纲或是内容讨论很久，虽然每天的开会时间都比较长，导致每晚编辑新闻稿需要工作到深夜，但我认为团队每天的例会非常有必要，每日总结让大家对自己每天的收获有了认知，更重要的是明确了第二天的任务和分工，使得调研考察行动目的更明确、效率更高。社会实践的意义不仅是关注社会、了解社会，同时也让我们学习实践技能，提高自身能力。

在本次生态科考实践活动中，我们学到了很多很多，正如毛主席在《寻乌调查》中所说“没有调查就没有发言权”。我们采集了了赣州市、瑞金市、寻乌县三地的水质和土壤，取样调查。通过相关的科考活动，进行样本分析获得数据，从而得出结论并提出相关建议。相对来说，江西人民保护河流水质的意识很高，河流水质状况良好。当地对捕鱼等活动都有相关的规定，再加之“河长制”的实施，水质监督已经责任到人。我想，凡事都一样，只要下到了一定的功夫都会有所收获和成果。

我们在当地的走访中了解到，2013年黄龙病的爆发，导致许多以脐橙和柑橘种植为家庭主业的农民们的经济收入都遭到了重创，仅仅就一个小小的县城来说，因为黄龙病灾害造成的损失就可能达到数十亿元。所以，在防治黄龙病的同时，人们开始寻找新的种植产业来进行产业转型增加收入。就拿油茶来说，油茶种植是赣州等地的传统产业，赣州市是江西省最大的油茶主产区之一，是全国重要的油茶种植区。近些年来，在全国精准扶贫政策的大力推广下，赣南革命老区将发展油茶作为重要的精准扶贫产业，当地政府也做了相关的重要政策支持。通过大力发展当地油茶生态产业，实现企业增效、农民增收、产业增值等，有效地推进了精准扶贫的实施进程。在产业转型的种植选择上，相对来说，油茶对环境的要求比较低，而且在受病虫灾害以来种植较少，高产油量的油茶苗也在不断培育中。另外后期的油茶产业加工，通过政府牵头和与龙头产业合作，对油茶进行多方面的开发和利用，从而创造出了更高的经济价值。截至目前，当地的油茶加工大型企业已有十余家，年产油茶1.5万吨以上，油茶产业总产值达到48亿元，打造出了齐云山百丈泉茶油、山村茶油等赣南茶油品牌。企业通过现代工艺技术，不断提高油茶加工能力，生产加工出保留赣南原地特色风味和不含反式脂肪酸的赣南茶油。这些产品的销售范围已经遍及国内主要大中城市以及我国港澳台地区，通过多年发展，油茶产业已经成为赣州市贫困户脱贫致富的支柱产业之一。产业转型离不开政府的创新和大力支持与推动，赣州市因地制宜探索形成了针对油茶产业的“五统一分”政策，通过公司加基地加农户、公司加基地加贫困户、国有林场加基地加农户等多种发展模式，形成了油茶产业发展有限公司出品的利益链接机制。

在本次调查走访中，印象最为深刻的人是寻乌县南桥镇的谢镇长，他非常热情友好，大抵是因为他女儿也同我们一样在外地做社会实践的缘故，他对我们的社会实践活动表示十分理解和支持。谢镇长不仅对当地村民现状了解得很深入，而且对政策的落实也有自己很独特的见解，是很有想法的一位当地领导。早在人民网的相关报道中，我们就了解到油茶产业“五统一分”的发展模式：实行政府引导以村组为单位，再由村组组织农户组成油茶专业合作社，成立理事会，把分到户的经停地集中起来，根据油茶产业要求，统一流转、统一规划、统一整地、统一购苗、统一栽植，建立油茶产业精准扶贫示范基地，基地建成后按农户承包林地面积划款，实行分户管理和收益。这一站引人注目的当属寻乌县南桥镇下廖村，该村采取“五统一分”的模式，吸纳了10个小组，374户1 559人，包括贫困人口314人，连片经营，油茶面积达4 500余亩，建成投产后将成为贫困户脱贫、农民致富的主导产业。

在当地村子中参观考察时，吸引我们的还有当地的“农村书屋+电商”发展模式，因为信息交通的落后，当地的农产品很难卖出去，群众需要买卖东西都非常困难，政府部门经过相关的考察和思路创新，开发了“农村书屋+电商”模式，借助电商，并实行专门培训、专人负责，帮助大家把想要买卖的产品完成交易。电商这一平台，解决了大家买难卖难的问题。而农村书屋，让平常很少在一起的村民们聚在了农村书屋的图书馆，丰富了群众

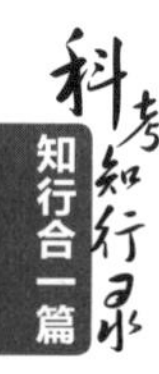

文化生活。当地还针对不同的人群，配备了不同的书籍，并由县文化局进行统一管理。农村书屋里还设有亲情视频专区，对留守儿童来说这真是一个巨大的福利，孩子们每周都可以在专人帮助下，同在外务工的父母聊天，每当我想到这个措施都十分感动，真的是体贴暖人。此外，村里还对村中的红白喜事做出相应规定，鼓励勤俭节约不攀比，鼓励和表扬文明的家庭。客家的传统文化崇尚尊老爱幼，向来以读书为荣，在当地，政府和村中都会对考取大学的学生，以不同的形式进行奖励，鼓励大家读书学习。谈到这些，镇长说了句意味深长的话：经济的贫困不是真正的贫困，思想的贫困才是最主要的贫困。所以他才想通过农村书屋，帮助和扶持农民，增长他们的文化，提高他们的收入和经济水平，鼓励大家上大学学习知识技能。在与镇长的闲聊中，无意间谈到了他大学的社会实践经历，当时他在江西农大读书的时候，还曾经和同学几个人跑到内蒙古去学习当地的养殖技术。他还鼓励我们多来当地做社会调查。我心想，年轻人都应该多出去闯荡闯荡，积累经验，青春总要用热血奋斗的经历来充实。

亲身实践才能体会到不一样的东西。我们在寻乌参观当地的产业种植园时发现，只有亲临现场才能切身体会到黄龙病对柑橘产业的危害程度到底有多大。正如产业相关负责人所说，柑橘黄龙病就是可防可控不可治，就像人身上的癌症一样，一旦染病，就很难治愈只能砍掉。柑橘黄龙病的爆发，对当地产业的发展打击巨大，看着当地一片片裸露的山坡和柑橘种植园中覆盖着的密密的网，心中都会不由得感慨万千。一个农业发展公司，在当地也在不断进行实验和投入，虽然已经投入了300多万元用于科研，但仍没有取得成效和相关成果。但公司负责人表示仍不放弃，并会继续增加赣南脐橙的种植面积进行防治的研究。在这种付出的背后我想不仅仅是强大的经济支持，更重要的是对科研不放弃、对赣南脐橙产业不放弃的精神。他们科研兴农的思想和工作态度，是值得我们学习的。

我的家乡在北方的平原，很少见到山地丘陵。到了南方的江西，首先就是觉得当地山地丘陵很多，河流也非常多。在寻乌县的实地科考行程中，因为要到一个东江水源发源地的小乡村，光是从县城到村里就花费了一个多小时，山路蜿蜒曲折，九曲连环。北方的孩子终于体会到了山里的孩子出山是多么痛苦，我们这还只是去的一些情况比较好的示范地点，路途已经是非常艰难，可以想象那些我们没去过的贫困山村的路是有多么难走，家庭有多么贫穷。所以说，我们现在的家庭环境、学习环境相对于山里的孩子不知好了多少，因为住在山里，他们上小学每天都要走一个多小时的山路，所以我们更应该好好珍惜现在的生活，珍惜它们的来之不易，专心学习，提高自己的能力。

在瑞金的红色圣地参观活动中，我们不仅学习了红军不怕艰难、不怕牺牲的革命精神，更重要的是，我们体会到了当今革命成果的来之不易。当时在国民党的独裁统治下，民不聊生，是毛泽东、周恩来、朱德等老一辈革命家带头起义，反抗国民党的独裁统治。瑞金这片土地作为当时中华苏维埃的首都，沾染了多少烈士的鲜血，承载了多少英雄的梦想，听着讲解员细细深情的讲解，看着一张张革命历史图片，听着一个个感人的故事，我懂得了是先辈们给我们树立了非常好的榜样，那就是奋发图强，不怕苦、不怕累，有的是冲劲和干劲，而这也正是我们大学生们应该学习和具有的精神，只有这样，祖国的明天才会更加美好。在参观过程中，最让人难忘的当属“红井”，井边木牌上的14个大字述说着它的历史“吃水不忘挖井人，时刻想念毛主席”。这口井是红军来到沙洲坝以后，由毛主席带领人民亲手挖的，因此得名“红井”。

在参观红军烈士纪念塔时，讲解员为我们讲述了建塔募捐队伍中瑞金叶坪村谢益辉老人的故事：当时，他已年过花甲，唯一的儿子参加了红军，并在第四次反“围剿”中光荣牺牲。家中只有他和老伴两个人，红军烈士塔开始修建后，谢益辉老人将多年积攒下来准备买棺材的三块大洋也捐了出来，工程筹备处的同志知道谢大爷的情况，说什么也不肯收，谢大爷激动地说：“你们一定要收下，我连儿子都献给了苏维埃，你们就让我为儿子和其他烈士尽点心意吧！”。就这样，从前线到后方，从机关到基层，从干部到战士，从军人到农民，一双双热情的手，一颗颗滚烫的心，为了缅怀牺牲的将士，他们省吃俭用，在有限的津贴和伙食费里抽出一元、两元、一角、二

角，甚至一分二分来支援纪念塔的建造。在参观毛主席故居的时候，我了解到毛主席当时和当地的一位老奶奶一块居住，因为室内光线不好，老奶奶做军鞋时只能到室外，天气非常寒冷，毛主席知道后，就派人查看她家的房子，为她开了一口天窗，帮助老人更好地生活。

经过在瑞金的学习教育，我终于理解了红都瑞金的精神内涵，就是革命前辈坚定的理想信念，艰苦奋斗的精神，密切联系群众、依靠群众的优良作风，建立农村根据地的路线，英勇战斗、不怕牺牲的英雄气概。要想成为一名合格的党员，就必须要像革命烈士一样坚定跟着中国共产党走，坚定共产主义理想信念，重温党章，不断加强党性教育，时刻牢记党的宗旨，全心全意为人民服务。只有这样，我们党才能团结和带领广大的人民群众实现中华民族的伟大复兴。我们要在生活学习中落实红都瑞金的精神，弘扬红都精神，用红都精神来武装自己，继承先烈们的遗志，认真学习，团结同学，严格要求自己，为国家的建设奉献自己的一切，做一名合格、优秀的爱国青年。

图4　江西队队员，黄梓璇

北京理工大学化学与化工学院，2015级能源化工专业本科生

队内工作：出纳。

个人感悟：此次江西之行，给我带来两点惊喜与思考：①江西辖管县镇电子支付的普及程度。②博物馆新媒体平台借助的优点与缺点。

手机出行发展

一、江西县镇电子支付业务心得

江西科考之初做准备时，队长曾提醒过我们先从银行取点现金，以防瑞金、寻乌等地经济不发达，电子支付成难题。然而第一天到瑞金在小店买水时，随口问了问卖水的叔叔能微信支付吗，答案竟是肯定的。整趟江西之行下来，钱包中的现金竟是分毫未动。显然，当今中国电子支付业务已经发展到了令人惊叹的地步。

1. 以小见大——江西南部民生状况

此次社会实践目的地主要为江西省瑞金市、赣州市城区及寻乌，瑞金为五线以下城市，赣州虽为江西省人口最多的城市，然其占地面积巨大、所辖县镇众多，因此赣州也仅为全国四线城市，除去其主城区，所辖县镇的发展情况皆为中等水平。

一个城市的经济发展，是由人民的生活状况、支柱产业发展状况来衡量的，同时也体现在城市的方方面面，其中交通工具与饮食环境便是体现城市经济发展的有力佐证。

瑞金市中心随处可见的交通工具并不是小轿车，而是电动车、摩托车等一类不便于管理、事故多发的两轮交通工具。饮食方面，瑞金市中心红都广场旁边便是全市最大的大排档，主干道周围也零星有一些小资情调的馆子，但多为中餐、快餐，其他种类餐饮很少见到，由此可见瑞金市的经济发展较为一般，然其城市中心及周边多处地点都在修建，也可看出政府革新之意。

赣州市区则道路宽敞，较少见到电动车、摩托车，OFO小黄车、MOBIKE单车等一类共享单车在主要街道也随处可见，滴滴打车软件叫车服务在主城区也较为方便，餐饮业种类多，服务到位，因此赣州主城区经济发展在四线城市中应为上等。然而赣州所辖县城，例如寻乌，与瑞金在交通状况上相似，且餐饮全城仅一家清真餐馆，可见赣州辖下县城经济、交通并不发达，民生也仅是中国普通县城水平。

2. 大吃一惊——电子支付推广现况

团队在赣州市内进行了为期两天的社会实践。因为分为几个小队对不同地区进行调查，因此路线、餐饮也是分开进行的，我所在的小队曾在赣州市中心使用过一次滴滴打车服务，叫车非常便捷，大概半分钟内便有司机接单，上车后司机非常热情，跟我们介绍了江西当地有名的美食以及景点，我们队员关于科考路线的疑问司机师傅也都细心回答，并讲解了当地路况以及科考地点的特殊情况，此次滴滴打车使用感很好。

因为我在科考队中担任的职务是出纳，所以此次科考大小物资的购买我都有参与，然而因为科考队时间、行程较为紧张，所以不能总是选择较大的超市购买物资，我们基本是在小的便利店或是便民超市中购买水、绳子等物品，赣州市内因为经济较为发达，所以都可以微信支付。然而在瑞金、寻乌两地，我们在街边小店，当问及能不能使用微信或是支付宝时，竟然给出的都是肯定的答复，就连一家看似破旧的早餐店，墙上也贴了微信、支付宝支付的二维码，都是仅扫一扫即可支付的便捷电子支付方式。

3. 方便快捷——手机出行用户体验

由于队长提醒，每个人出行都带了少许现金以防无法使用电子支付，然而所到之处无论是赣州市内还是寻乌、瑞金，无论小到便利店还是大到博物馆、火车站都可以使用电子支付。本次科考每位队员皆为江西手机出行的“用户”，在体会心得方面也最有想法。

从前出门至少钱包是必须的，每次付款时都需要点清钱数，在钱不够时，还需用银行卡到附近对应银行网点取钱，继续这个轮回，平时使用倒也还好，然而要不停取钱，记账还需点清过去、现在钱数，则较为麻烦。手机支付出行则只需一部智能手机，绑定银行卡或电子钱包即可使用，记账只需翻看电子钱包使用记录，每天还有鼓励金等奖励可以领取，因此手机出行更便捷，也更符合当下特色。

二、江西博物馆体验心得

1. 当地博物馆现状

江西社会实践除去有关柑橘黄龙病和水质的调研之外，还有红色精神文化体验调查的课题，而瑞金为红色文化大市，毛主席又曾在寻乌写过《寻乌调查》，因此瑞金、寻乌有多处博物馆可供参观。在中华苏维埃第一次全国代表大会旧址博物馆，售票处旁边便是一块电子屏幕，本想通过电子文字资料多了解一些景点的历史与发展，却被景区“3D游览”几个字吸引，点开发现是一个以第一人称视角游览整个博物馆的3D操作动画，使用者可自己操作指挥屏幕中的游客游览各个小景区，以达到“3D游览”的目的，这个小操作确实惊艳到了我。

而在瑞金中央革命根据地历史博物馆内，一进展览馆，就有短信发来欢迎内容。因为我们没有请导游，一开始只是自己四处走走逛逛，却见到每个重要展览品前都有清晰的二维码标记，只要使用手机微信扫一扫，就能听到电子语音讲解内容，这个和故宫的讲解方式非常相似，都是使用二维码，使游客不用另花钱请导游也能完整了解博物馆的主题以及精髓。

2. 优缺点分析

（1）优点。

在博物馆中运用新媒体作为知识载体的最大益处就是便捷快速，游客不需要再花时间去请导游，也不会在博物馆晃悠半天而所获甚少，只需动动手指、用用手机便可获得与请导游一样的效果，这便是新媒体平台最大的优点。

（2）缺点。

新媒体平台自身的优点确实非常多，而缺点当下并不明显，然而除去自身的硬条件，对其运用者、使用者确实存在很多不足。

对运用者：由于当下社会节奏快，博物馆渐渐开始青睐新媒体平台也是趋势所向，然而新媒体平台的推广、维护、修理不到位也成了博物馆新媒体平台运用成效不明显的原因。瑞金市一苏大的3D游览仪器完好，然而在我注意到它之前，并未看到有人使用，而红井园区前的此仪器已关闭，可能是仪器损坏或根本未运行。由此可以看出景区并未突出这种仪器的效用，也并未重视。

对使用者：虽然当下智能机普及，上至70岁老人下至10岁孩童人手一部智能机，然而用手机聊天、看视频的居多，真正发挥手机功效的人却在少数。

以瑞金一苏大门口的“3D游览”为例，在我们队伍从在现场买票到离开时，除了我们几个队员发现并使用了这一功能，并未看到其他游人注意到这个仪器，而前来一苏大游览的游人除了有怀念过去的老人、造访调查的中年人，还有参观学习的青少年，参观者年龄层非常宽，并且包括能够熟悉、灵活运用新媒体平台的年轻人，然而他们都忽视了这一仪器，可见使用者的使用意愿也不够强烈。

而在博物馆内，尽管博物馆展品的二维码都足够大并且摆在明显位置，然而去扫、去听的游人却寥寥无几，因此使用者自身没有跟上新媒体平台的发展也是问题症结所在。

3. 改进意见

（1）活用新媒体平台，大胆展示。

一苏大的“3D游览”仪器在使用方面非常好，然而却放置在进门处墙边，属于死角区域，如果游人走得较快，很难注意到，因此我认为博物馆可以将此类仪器放在较为明显的区域，或是摆在售票处之类游人必看、必经的地方，这样游人可享受到更多的新媒体平台服务，如此此平台的利用效果、价值将会更高。

（2）定期维修、更换。

针对一苏大门口仪器损坏现象，我认为博物馆既然引进了这种仪器，就应当好好应用，定期的维护、保养、检查也是必须的。既然我们科考队被这些仪器吸引，并从中获取了有效的资料，也有非常好的用户体验，那么这种仪器必定是有其青少年受众群的，而仪器的损坏不仅仅只是游人少了这一部分的体验，更是一种博物馆不关心、不作为的体现，因此定期修理尤为重要。

（3）合理推广，适当削减。

针对瑞金中央革命根据地历史博物馆中二维码光顾较少的情况，我有以下两点建议：

推广智能讲解员：博物馆可以向游人推广智能讲解员，如利用广播或是在醒目处标明，并在门口或馆内配备相应工作人员帮助顾客了解、掌握这一功能。

适当减少二维码：如同所有一开始实行的新科技一样，由于受众还未完全活用这一技术，所以它存在新鲜度，而二维码太多会导致游人觉得烦琐，建议将二维码集中在重要展品处，或是精简内容，以益于此项目的实施推广。

北京理工大学生命学院，2016级生物技术专业本科生

队内工作：财务记账，收集车票。

个人感悟：怀念江西的天空，天蓝得有些不真实，白云多得毫不吝啬，天空美得不像话，怀念在江西科考的日子，我们能做的不多，但是能把我们可以做的做好，那么就不虚此行。

图5 江西队队员，兰非

十年树木，百年树人
——关于赣州教育扶贫的随感

中国有句俗语：“十年树木，百年树人。”

这句话揭示了教育的根本价值，就是给国家提供具有崇高信仰、高尚道德、诚实守法、技艺精湛、博学多才、多专多能的人才，为国、为家、为社会创造科学知识和物质财富，推动经济增长，推动民族兴旺，推动世界和平和人类发展。教育是人类发展文明的基础，没有教育也就不会出现文明社会。所以，教育的意义是十分重大的。

江西此行，辗转瑞金、赣州、安远以及寻乌四地，走访多个政府部门、公司机构，了解咨询聆听了很多关于果业、林业、气象、水利、精准扶贫等的相关介绍与讲解，收获良多，可能是自己一直以来受到国家和党的支持与帮助，我印象最深刻的，莫过于在赣州市教育局与“学生资助中心”领导的

图6 观察柑橘树黄龙病情况

交谈。

领导耐心地向我们介绍了赣州市现行资助政策以及具体措施。我认为主要有以下三个特点：

（1）全面性。

赣州市落实建档立卡，而建档立卡对象从幼儿起全覆盖，并给予帮扶，用实际行动印证了负责人所说的“不让一个学生因贫失学”的赣州教育扶贫目标，除了横向资助广度大，纵向资助周期也很长，从学前到大学全部覆盖。

（2）力度大。

国家对于教育扶贫本就有着相关政策与经费投入，而赣州市在落实国家政策的同时，对于学生的投入只增不减，都是在国家资助的基础之上加大力度，加大资助金额。负责人所说的“虽然外面穷，但是对贫困学生的资助力度一点也不减”如雷贯耳。从国家到江西再到赣州；甚至具体到各个县，行政级别一级一级降，但是对于贫困生的资助却是一级一级更加具体，甚至逐级累加。

（3）精准性。

赣州市教育资助与帮扶学生从学前教育坚持到义务教育甚至到不在义务教育范围之内的普通高中、中职教育以及大学教育，并且对于各个阶段的贫困学生，进行有针对性的资助。就以普通高中为例，除却国家助学金，贫困学生还有权享受到高考入学政府资助、高考新生入学项目等多种资助，真正贫困的学生不仅仅能够享受到国家的资助以完成学业，甚至可能得到多份帮助，更值得一提的是学生通过自己的勤奋刻苦争取奖学金，获得的就不只有经济上的帮助，更获得了一份尊严与鼓舞。

这不由得让我想起了我当时获得奖学金的场景，虽然只是二等奖，奖金只有几百元，但是上台接过证书与奖金的瞬间，会感到曾经的埋头苦读、追着老师问问题的付出都是值得的，在收获成绩的同时也获得了更多人的肯定，我相信这对于学生，尤其是贫困家庭的学生的积极影响不容小觑。

赣州市下辖20个县，其中贫困县高达11个，因此扶贫工作显得极其重要。百姓贫困或是因为疾病或是因为残疾，抑或突如其来的天灾人祸，但是其实最根本、最重要、起关键作用的是思想的贫穷，因此扶贫也就有着丰富的方式方法，但是正如负责人所说，斩断贫困的继代传递，最根本的是教育扶贫。也只有人的思想改变了，也才有可能真正去改变人生。教育改变的不仅仅只是一个学生的命运，特别是对于贫困家庭来说，教育很有可能让整个家庭的命运发生翻天覆地的变化，而赣州市教育局不仅认识到了这一点，而且有所行动。与时俱进，善于利用新媒体介质，比如微信公众号向家长学生传达扶贫政策、精神以及与教育的重要意义；由驻村干部进一步向村民讲解教育扶贫的内容，力争让每一个贫困家庭确确实实明白自己享有的权利和要履行的义务；赣州市教育局甚至给全市幼儿园、小学、初中的学生写了一封信来详细介绍教育扶贫的政策措施。而教育扶贫并不局限于对学生的经济帮扶与资助，更重要的是对学生甚至整个家庭进行思想扶贫。赣州市通过在农村设立文化牌、书写三字经等经典文学作品的形式，来逐步提高村民的思想文化素养，真正实现物质扶贫与思想扶贫相结合。

最初在赣州市教育局走访了解，似乎有些纸上谈兵的感觉，但是当我们真正进入村子实地考察时，对于教育扶贫，似乎有了更加深刻具体的体会。我们前往赣州市寻乌县南桥镇古坑村进行了实地调查走访。古坑村原名苦坑村，单从村名的变化仿佛就已经能够想象到这个村子变迁发展的辛酸与不易。如今古坑村有300多户人家，近1/4是贫困户，也正是因为贫穷，大部分年轻人选择了外出务工，使得村子里产生了30多名留守儿童，但是在古坑村，他们并不孤单，村子里会组织他们和在外的父母视频聊天以解他们的相思之苦，还会组织丰富多彩的娱乐学习活动充实他们的假期生活，从精神、生活、学习等多个方面给他们以关怀。

瑞典教育家爱伦·凯指出："环境对一个人的成长起着非常重要的作用，良好的环境是孩子形成正确思想和优秀人格的基础。"俗话说父母是孩子的第一任老师，这其实也从侧面指出了环境对于孩子成长的重要作用。现代的幼儿教育实际上就是环境教育，环境对人生存和发展的影响，就年龄而言一般是成反比的，年龄越小受环境的影响就越深刻。这是由儿童身心发展的特点、环境所具有的教育价值两方面来决定的，温暖和谐的环境能使儿童变得性格活泼，行为具有理性，并善于交往。因此，从某种意义上说，环境是幼儿重要的生存条件。

古坑村自然环境优美，依山傍水，空气新鲜，宁静祥和，而村子里整齐划一的白墙灰瓦的典型客家建筑更是锦上添花，让人怡然自得，但是最美的不是外在而是人心。古坑村历来强调以读书为荣，虽然只是一个村庄，但是村里的幼儿园、小学办得有声有色，甚至吸引了邻村的学生来此读书。而在古坑村，不仅仅是孩子们接受了教育，每一位村民其实都在接受着文化的熏陶与洗礼。村里风气良好，极其推崇尊老爱幼这一传统美德，讲究厚养薄葬，盛行红白事从简，坚决抵制铺张浪费、攀比之风蔓延，这些不仅有助于新型农民的培养和整个新农村的建设，也为孩子们身心的健康成长提供了良好的社会环境。

良好的自然环境与社会环境，其实也为教育、教育扶贫铺平了路。

教育扶贫连续性很强，可以帮助无数贫困家庭的孩子一直到毕业工作，但是据了解，政府却不硬性要求受资助的毕业生回到家乡工作，建设家乡，而只要来到贫困县工作的毕业生，无论是否曾经受过资助均会享受到补助。

我来自新疆一个偏远的小县城，得益于党和国家对新疆的大力支持与特别关照，才有机会提早走出去，前往疆外读高中，在此期间，不仅学费全免，就连伙食住宿也都由国家资助，因此我一直牢记着党对我们"培育之恩终身不忘"的教诲，而我的理想就是将来回到家乡，将我的所学用来建设大美新疆，报答祖国的培育之恩。

自古以来，强大的民族都十分重视教育。以色列、德国等国的教育，是我们全世界学习的典范。以色列从小学就开设宗教课，在德国哲学是中学生的“必修课”。

我们中国被称为文明古国，经千年颠沛而民族魂不散，历万种灾厄而总能重生，就是因为我们重视教育，尊师重道。早在文化的源起，我们就已经将孔子这位伟大的教育家，立为我们民族文化的精神图腾。而对于教育的执念，即便在最困苦的岁月、最艰难的日子里，总有人不抛弃，总有人把教育重新拾起、擦拭，奉还于我们的神坛！

教育是什么，教育是社会良心的底线，是人类灵魂的净土，是立国之本，是强国之基。教育的作用就是帮助我们个人认知自己，帮助这个民族认知自己，如此我们才有可能掌握个人的命运，并且创造这个国家的未来。作为受教育者，我们要始终谨记教育、读书的终极目的：为天地立心，为生民立命，为往圣继绝学，为万世开太平！

所以，教育扶贫意义之重大，不言而喻。

此行，是我第一次去江西，从此对于江西不再只是这两个方块字的认识，而是一段有血有肉的回忆，但其实我们走得越远，走得越多，在很大程度上就是为了更好地回来，用新的自己去重新发现我们原本所在的这一方土地的美与不美，好与不好，再尽一己之力去建设，去改善。

图7　江西队队员，李盼盼

北京理工大学生命学院，2015级药学专业硕士研究生

队内工作：新闻稿撰写。

个人感悟：人生因为经历而不同，正是因为和一群小伙伴经历了江西生态科考之行，我才更加懂得生命之宝贵，时间之可贵。

走进江西，追寻红色记忆
——赴江西生态科考心得体会

为期一周的江西生态科考已经结束了，在这一个星期中，我们在瑞金感受红色文化，在赣州和寻乌等地和各级政府部门进行访谈，参观柑橘脐橙等产业示范基地，采集植物样本、水样和土样等。虽然是短短的一个星期，但是在这种深入社会的实践当中，我们收获了在学校、在课堂上、在书本中学习不到的东西。

科考活动的第一站是红色古都江西瑞金。瑞金素有共和国摇篮之称，是苏区时期党中央驻地、中华苏维埃共和国临时中央政府诞生地、中央红军二万五千里长征出发地等。正是由于这些原因，它成了全国爱国主义和革命传统教育基地，是中国重要的红色旅游城市。首先我们开始了关于红色文化的调研。我们来到了中华苏维埃临时中央政府所在地——叶坪景区。在景区人员的讲解下，我们参观考察了第一次全国苏维埃代表大会、红军烈士纪念塔等革命遗址。红军烈士纪念塔下，全体科考队员脱帽鞠躬，缅怀战斗过的先烈们；在一苏大会址礼堂，队员们合唱国际歌，向共产主义革命精神致敬；在红军烈士纪念塔前，讲解员为我们讲了两个故事：其一是谢益辉老人和他老伴唯一的儿子参加红军牺牲了，在修建红军烈士纪念塔的过程中，他俩将自己积攒了多年准备买棺材的钱拿出来支援纪念塔的建造；其二是杨荣显老人有八个儿子，为了响应政府扩红的号召，他将自己的八个儿子全部送去参军，最后全部在战斗中牺牲，没有一个孩子在床前为老人送终。听完这两个故事，我深深地感受到人民群众对红军的拥戴和现在和平幸福生活的来之不易。我们现在能在一个和平的环境中读书、工作、生活，正是因为在几十年前有一群人为了这个国家而不断奋斗，甚至献出了自己宝贵的生命。革命先辈们将自己的满腔热血献给了伟大的民族解放事业，用自己的实际行动证明了中国共产党的先进性。我们将以革命先辈为榜样，在学习生活中严格要求自己，以全心全意为人民服务为目标，做一个德才兼备的人，做一个对社会有用的人。与此同时我们就红色遗址精神及传承的课题，针对景区游人以访谈录和问卷调查的方式进行了调研。调研的对象不仅有刚刚参加完高考的学生、专门组织过来学习的机关干部，还有从全国各地来的群众。调查问卷的结果显示，大部分群众基本上一年至少会去一次红色旧址进行参观学习，并且认为这种参观学习有助于培养艰苦奋斗、吃苦耐劳的精神，有助于提醒自己铭记历史、加强自己的爱国心，有助于充实自己的人生内涵等。有些人还向此旧址提出宝贵的建议，例如建议修旧如新不如修旧如旧，希望旧址可以保存原貌，不要加入现代的物品；还有人建议希望多增加一些生动的表现形式或现代化的技术手段来吸引更多的年轻人来参观学习等。在参观学习红色旧址过程中，我们遇到了两位老人，经过交流我们了解到两位老人是从台湾地区专门来瑞金缅怀先烈的。看着老人专心致志地观看各个展台上的图片及文字说明，我感受到他们对祖国深沉的热爱和对祖国早日统一深切的渴望。

科考活动的第二站是赣州市。我们来到赣州市政府大楼，分别前往农粮局、教育局、水利局和林业局油茶办公室。针对赣州市的农业扶贫、教育扶贫及赣州市江流水质和油茶产业扶贫等对当地政府部门负责人进行访谈。这其中让我印象最为深刻的是在赣州市学生资助中心进行访谈时学习到的宝贵知识。办公室主任首先详细地为我们介绍了赣州市中小学生的基本情况，讲解了关于精准扶贫中有关教育扶贫的政策，动情地说教育扶贫最重要的目的就是不让一个孩子因为贫困而得不到受教育的机会。这句话让我颇为感动。百年大计，教育为本。教育是立国之本，是一个民族兴旺的标记。教育决定了一个国家是否有发展潜力，也决定了这个国家是否能持续富强。无论什么时代，什么社会，什么制度，这个国家向哪个方面发展，教育都是不可忽视的，不可不好的。因为无论什么时代、什么社会、什么制度都需要有文化的人、有知识的人、有潜质的人。当队员向主任提问在实施教育扶贫的过程中遇到的困难时，主任表示思想上的贫穷才是最可怕的，也就是那种存在于少部分贫困家庭中的“等、靠、要”思想。有些家庭不在乎政策的内容、实施以及如何通过自己的努力走向脱贫致富的道路，只在乎每年政府可以发放多少钱，这恰恰是思想上贫穷的体现。物质贫穷不是最可怕的，思想贫穷才是最可怕的。古希腊历史学家修昔底德说过：“承认贫穷并不使人感到羞耻，不努力奋斗摆脱贫穷才是真正的耻辱。”缺乏信心、怕担风险、不愿尝试、安于现状……这些都是思想贫穷的表现，而其根源，可能是能力素质、意志品质、文化心理、风俗习惯等。如果贫困群众的生活重心成了等待每月救助金的发放，如果贫困群众没盼头的想法成了生活的常态，那再多资金的注入、再优惠的政策可能也只会实现一时脱贫，不能达到真正脱贫的效果。所以还是需要破除精神壁垒，促使他们转变思想，提升认识，教育和引导他们通过自己的辛勤劳动脱贫致富。

科考活动的最后一站是寻乌县。寻乌也是一个具有光荣革命传统的红色故土。我们参观了寻乌纪念馆，该纪念馆保留着当年革命先烈曾经住过的简单房屋，有毛泽东、朱德、古柏等老一辈革命家战斗过的痕迹。讲解员在讲解革命先烈的事迹时，伍若兰的英勇事迹给我留下到了深刻的印象。伍若兰在战役中为了保护毛泽东、朱德等首长的安全，负伤被捕。敌人想从她嘴里得到红军的机密，施行用绳子吊、用杠子压、灌辣椒水等种种酷刑，但这都未能动摇伍若兰的革命信念。她说：“革命一定会成功，你们一定会灭亡！”“要想从我嘴里得到你们所需要的东西，除非日从西方出，赣江水倒流！”正是这些革命烈士坚定的革命信念，不畏艰难险阻、努力拼搏的精神才使得革命最终走向了胜利。毛泽东同志在寻乌的调查是一次影响深远的调查，选择寻乌作为调查地点的原因是寻乌是江西、广东、福建三省的交接地，是商品流通的主要集散地，了解了此地的情况对三省各县的情况就会有一个大概的了解。毛泽东同志开展调查是以调查会的形式进行的，是真正把出席人员当成朋友来看待，这一点从调查会让出席人员按照客家风俗坐在上席就可以看出来。在参观过程中，我们看到了关于调查的各种调查表、出席调查会人员情况表等，这种深入唯实的调查作风是我们学习生活中不可缺少的。经过调查，毛泽东同志写下了《寻乌调查》《反对本本主义》等篇章，并且第一次提出“没有调查就没有发言权”，提出“中国革命斗争的胜利要靠中国同志了解中国情况”。毛泽东同志探索中国革命的道路、解决中国革命的问题就是从调查研究开始的。解决中国的问题要从了解中国国情开始，要实现中华民族伟大复兴的中国梦，要实现全面建成小康社会，依然要走这条唯实的道路。这不由地使我想到自己，我们也是来到江西各地进行调查的科考队，我们要学习寻乌调查这种科学严谨的作风，深入人民群众中去，了解当地实际状况，掌握第一手资料，科学分析结果，最终得出结论。

“纸上得来终觉浅，绝知此事要躬行”。当代大学生如果只是重视理论学习而忽视实践环节，往往在实际工作岗位上会发挥得不很理想，只有通过实践才可以使所学的专业理论知识得到巩固和提高。“天将降大任于斯人也，必先苦其心志，劳其筋骨，饿其体肤”。生态科考是充满了艰辛和挑战的，但我们选择了坚持。江西生态科考的每一天都让我受益匪浅，我不仅学习到了各种知识技能，而且还认识了很多新朋友。我们一起发放调查问卷、冒雨推出陷在坑里的大巴车、喝“吃水不忘挖井人”红井里的水等，这些画面都会在我的记忆中永存。我会把这些对生活的感悟运用到接下来的学习及生活当中，不断充实自己，继续砥砺前行。

图8　江西队队员，李小龙

北京理工大学生命学院，2015级生物技术专业本科生

队内工作：负责团队饮食起居，在出行前根据行程预定宾馆，并根据当天科考进行情况安排团队就餐。

个人感悟：早出晚归，跋山涉水，取样调查，走访座谈。只有真的走出象牙塔，走向社会，才能够对问题有一个深入的了解。科考的过程教会我“没有调查就没有发言权”。

没有调查，没有发言权

“没有调查就没有发言权”这句话是毛主席1930年在江西省寻乌县做调查时提出的。毛主席在寻乌开了十多天的调查会，他深入群众，恭谨勤劳，亲自做会议记录，按照纲目详细调查了寻乌的商业、旧有土地关系和土地斗争等社会情况。可以说，毛主席借寻乌调查了解农村和小城市的经济状况，为开展土地革命、巩固农村革命根据地提供了参考资料。

如果说参观寻乌调查会旧址是聆听一位伟人的教诲，那么此次生态科考的过程则是切身体会“没有调查就没有发言权”。

前往江西科考之前，我通过查阅文献了解到，赣南脐橙产业作为当地十大主导产业之一，被农业部列为全国十一大优势产业，为当地经济发展、产业扶贫做出了重大贡献。然而自2012年开始，被称为柑橘癌症的黄龙病开始

在赣南地区大爆发，至今为止砍伐黄龙病树4 000万株左右，给赣南脐橙产业造成了沉重的打击。许多文献中都提到了各种防控黄龙病的措施，例如通过天敌控制木虱种群数量，通过柑橘几次发梢时间喷洒农药，通过种植隔离带防止木虱传播等。但是我认为这些措施都是不够具体的，都仅仅只是提供了防控黄龙病的大方向而已，这些措施在生产生活中如何实施，在实施的过程中将遇到什么问题都是文献中没有提及的。而这些细微的问题想得到解决，那么必须要像毛主席那样抱着学习的谦逊态度去与当地的老百姓、基层干部座谈了解。

此次生态科考我们走访了瑞金市会昌县石门村的一片百亩果园、赣州市柑橘研究所基地、赣州市寻乌县几个乡镇的散户果园、赣州市寻乌县万亩果园示范区，与瑞金市会昌县石门村村委会、赣州市扶贫办公室、赣州市柑橘研究所、赣州市果业局、赣州市气象局、安远县果业局、安远九寨山科技协同创新开发有限公司、寻乌县果业局等相关政府部门及公司进行了座谈。第一，我了解到，赣南柑橘对于当地农民十分重要，以寻乌县为例，在黄龙病爆发之前，寻乌县柑橘种植面积高达60万亩，人均2亩果树。而在寻乌县果业局了解到，1亩柑橘年产值大约是3万多元。这不仅仅可解决人们的温饱问题，还可以带领人们走向富裕之路。其次，我了解到自2011年发现黄龙病到2012—2014年黄龙病大爆发期间，赣州市自上而下十分重视这件事情，上到市果业局、研究所，下到散户果农都对黄龙病有一定的了解，这说明赣州市政府对于黄龙病知识的宣传工作做得很好，对黄龙病给予了高度的重视。我还了解到赣南地区每年都有4.5亿元专项资金用于黄龙病的防控，为当地黄龙病防控工作的开展提供了很好的资金支持。目前，赣南地区防控柑橘黄龙病的主要三板斧是：砍病树、防木虱和种无病苗。这些做法看似和某些文献中提及的方法很类似，但是我想说某些文献中说的难免有些空说大话的嫌疑，有些问题，如“天敌控制木虱种群方法合理吗？”“发梢期间喷洒农药就可以了吗？”“隔离带怎么种植呢，又该种植什么树种呢？”“种植无病苗又该如何落实呢？”，那些文献中并没有给出确切的答案，甚至文献中对于天敌防止木虱也仅仅是根据生物学物种之间的寄生和捕食关系而做出的推断而已，我也并没有看见他们实际的农田实验过程等。那么在这里，我想说一下我调研之后得到的答案。首先，运用天敌防治木虱在赣州市并没有得到普及，目前只使用一种寄生蜂来防止木虱，然而效果也并不是很好。而从赣州市柑橘研究所基地了解到柑橘木虱防治并不存在经济阈值，若想通过防止木虱来消除柑橘黄龙病必须100%杀死木虱，否则无法通过防止木虱消除黄龙病，而木虱死亡率至少达到95%以上才可以有效地控制黄龙病，再加上柑橘黄龙病有高达4～10年的潜伏期以及5小时病毒传达到根部这两个特点，我认为通过生物方法防治黄龙病的可行性不高，文献中提及的方法大多是纸上谈兵。第二，柑橘发梢期喷洒农药这个做法是正确的，木虱喜欢将虫卵产在柑橘新抽的嫩梢上，发梢期喷洒农药的确可以有效地控制木虱种群密度，但是仅仅这样是不够的，成虫春夏秋寿命大约为60天，冬季能高达100多天（柑橘木虱主要是成虫越冬），而木虱一生产卵6～10次，一次产卵300枚，这导致了如果留下少量的成虫也可以导致木虱大爆发。赣南地区有25万户果农，70万名果农，如果仅仅看准发梢期喷洒农药，那么结果只能是将木虱从一片果园赶到另一片果园，这样分散地喷洒农药很难起到控制木虱种群数量的作用。因此，必须做到综合防控，果园喷洒农药时应当给周围果园同时喷洒农药，不给木虱留有任何空间，只有这样才能有效地控制木虱种群数量。第三，关于隔离带最大的问题就是，应该选取哪一块地来种植隔离带。黄龙病爆发之后，寻乌县仅剩下20万亩果林，计划建立50～100亩隔离带，看似隔离带占比并不是很大。但是现实情况是种植园大多是散户种植，谁愿意贡献出自己的果园来种植隔离带呢？毕竟1亩果园年收入就是3万多元，这对于农民来说可是一笔不小的收入。我在走访座谈之后，比较认可“五统一分”的种植模式，这样既可以解决隔离带选取的问题，又方便政府部门管理防控黄龙病。由于木虱的活动范围是7～10米，所以隔离带的种植应该在10米左右，种植的树种可以是当地的树种。我也考虑过可以种植非柑橘类经济果树，但是当地村民给的答案是，隔离带经济作物加大了管理的难度，还需要考虑施肥、修剪等投入，很难形成有效的经济收益，因此不如种植当地沙树。第四，种植无病苗仅仅只是一个方向，实际中该如何落实还存在困难。现实问

题是，现在仍有散户在培植无病苗，这个无病苗的质量存在很大的问题，但是我国又没有相关法律法规禁止民间私售苗木，这给当地苗木监管带来了很大的障碍，使得相关部门无法可依，只能任由散户苗木在市场上流通。我认为解决办法有两种：①通过政府补助，让果农均购买政府售苗点的苗木，并且加大对于购买散户苗木危害的宣传，从而将散户无病苗挤出市场。②可以建立地方性法规，在与国家法律不抵触的情况下用地方性法规禁止散户苗木流向市场或者健全散户苗木监管检测机制。

以上是我在赣州7天跋山涉水、走访座谈的一点收获，是真正地走出了象牙塔，走出了课本，接触到自然，接触到社会了解到的真实的黄龙病重灾区的情况。出发前在学校里，在翻阅了柑橘黄龙病诊断、病因分析、防控措施等相关文献后，我自认为对黄龙病已经有了一个比较全面的认识，在整理文献后也可以为黄龙病防控建言献策了，然而当我真正到达黄龙病灾区，实地走访座谈之后，才发觉纸上得来终觉浅，每个地方都有它的特点，每个理论落实到实际生产生活中都有它的阻碍，所以我们在生产生活中必须面对当地的实际问题，而不能仅仅只是根据理论去为一个地方的发展建言献策。此次科考，一方面使我直观认识了柑橘黄龙病，学到了相关的知识；另一方面也认识到了自身的不足，即没有质疑的精神，过于本本主义。因此，在今后的学习生活中，我必将牢记“没有调查就没有发言权”。

图9 江西队队员，陆江坤

北京理工大学生命学院，2015级神经生物学硕士研究生

队内工作：负责在寻乌县考察期间新闻稿的撰写。

个人感悟：最大的感悟便是实地调查是科学研究中的重要一环，阅读文献与实验室的实验不可取代它，因其能获得第一手的资料与直观体验，正如毛泽东所说“没有调查就没有发言权”。

赣南见闻

一、在路上

我们是下午6时出发的，坐一天的火车抵达了江西瑞金，当时距离夜幕降临还有2个小时，从而使我有机会欣赏沿途风景的变化。大概过了河南之后，沿途的景色就发生了明显的变化，一是山地丘陵变多了，这些山地丘陵都覆盖着绿色的植被。列车行进在高山之间，遇山则有穿山隧道，遇谷地则架起高架桥，大自然的鬼斧神工跟人类的智慧相得益彰。尤其是在经过谷地时，四周的景色尽收眼底，丘陵上曲折的水田，偶尔几只水鸟觅食；远处零星散落的几栋民居，让人联想起陶渊明笔下的田园景象。列车还经过长江，这是我第一次见长江，所以老早就起来等待了。当时已到了长江中下游，江面宽阔而浑浊，几条货轮看起来像沧海一粟。然后就看到九江市（赣江在九江汇

入长江），近处一个小岛上布满了林木，中间是赣江水，远处是九江市，不禁感叹九江真是一个山环水绕的花园城市啊。

二、瑞金

瑞金市在1930—1933年曾是红军革命根据地的中心、中华苏维埃共和国的首都，在这片小小的土地上曾召开一苏大、二苏大，保存了许多关于党早期组织发展、理论成熟的珍贵历史。第二天清晨我们去叶坪乡参观了一苏大旧址。我们先到举行一苏大会议的大礼堂。说是礼堂，其实就是一个可以容纳不到百人的大木屋。正对大门的主席台上挂着一副对联，上联为“学习过去苏维埃运动的经验”，下联为：“建立布尔什维克的群众路线”，横批是“全世界无产阶级联合起来”。主席台下面大约有几十条长条凳，是当时党员们的座位，主席台的两侧是当时新建的各部委负责人的办公室，设立的十部委分管国家生活的方方面面，可见当时党的先驱们是在用心缔造这个红色政权。例如财政人民委员部，项英任主席，小屋里仅有一张床、一张办公的桌子、一个凳子跟一盏煤油灯，可以想见当时条件之艰苦。

接下来参观了毛主席故居。它是一个二层建筑，中间有一个大的会客厅，但是除此之外，也与其他的建筑没什么区别了，主席的卧室除了必备的生活用品外别无他物。让我惊讶的是，叶坪除了是红色景区外，还有相当丰富的野生植物资源，如重阳木、乌桕、黄檀、樟树等，不仅我见所未见，而且闻所未闻。尤其是樟树，树龄可达百年以上。成熟的樟树树冠很大，“云云如伞盖焉”。主席故居前面就有三棵并生的樟树，引得游人纷纷驻足观赏。在不远处的红井，我们品尝了甘洌的井水，据说当时为了解决老百姓喝水的问题，红军打了一口井，也因此有了那篇“吃水不忘挖井人”的经典课文。

三、赣州

章江与贡江在赣州交汇，下游称作赣江（左章右贡），形成江西主要的水源，这也是江西简称“赣”的原因。在赣州市我们开始了此次生态科考的主要内容：调查江西水质（主要是章江、贡江流域和东江流域）的污染情况；调查柑橘黄龙病的地域分布、病源，以及防控措施。在采集了章江、贡江、赣江的水样后，我们驱车来到了赣州市柑橘所，严所长向我们详细介绍了2012年以来黄龙病在赣州市的肆虐情况、黄龙病病菌的研究进展及现在主要的防控措施。接下来，我们又去了柑橘研究所的实验基地，参观了他们用嫁接和组织培养技术培育的无毒苗，以及感染黄龙病的病株和柑橘木虱，这样，大家都对自己的课题有了详细和直观的了解，也明确了下一步的实验计划。

除了科考之外，赣州市令我印象深刻的就是沿着章江、贡江建造的宋代古城墙和江上的古浮桥了。古城墙是为防洪而建的，站在城墙上可以一览江南江北的景色，而位于城墙北门的八镜台是最好的观景台。苏轼曾为从八镜台的角度看到的赣州八景作诗。古浮桥是用船拼接而成的，上面铺以木板，章贡二江各有一座。据说以前船只通行频繁时，每天的固定时段要打开浮桥上的几条船让船只通过，只是现在已经没有了。

四、安远

15日早上6时许，我们乘车前往2013年黄龙病重灾区的安远县进行实地考察。行走在曲折的山间公路，虽然远处苍翠的群山还迷蒙在薄雾中，但山间清新的空气驱散了队员们朦胧的睡意。

第一站是安远县果业局，果业局魏主任亲切地接待了我们。从魏主任口中我们了解到，在黄龙病肆虐之前，柑橘产业曾是安远县的支柱产业。安远县60万亩的实际耕地中，有38万亩用来种植赣南脐橙，比例超过60%。2013—2014年黄龙病爆发时期，由于缺乏对黄龙病的科学认识，没有积极地施行防控措施，柑橘木虱大爆发，致使高达860万株的果树因为染病被砍掉，造成的经济损失过亿并产生了相当大的社会影响。这两年由于对黄龙病认识的增加、防控方法的成熟、县市领导的重视，黄龙病基本上处于可控的范围内，果农近年还准备在以前的土地上重新种植黄龙病脱毒苗。

告别了魏主任，我们来到了此行的第二站，安远县脱毒苗培养基地——王品农业科技有限公司。王品农业科技有限公司的主营项目包括优良柑橘无

毒苗木繁育、万亩柑橘示范园及有机肥料开发。黄龙病未爆发前，柑橘示范园有柑橘树15 000株，黄龙病爆发后，除一株“抗性株”保留外，其余树株全部被砍掉了，所以公司现在为了分散风险、调整结构也开始发展猕猴桃和百香果的果树基地。谈到此处，公司吴总的话语中透露着沉痛。他说：“黄龙病最早是在我们这儿发现的，但是由于科学认识不足、重视程度不够，造成了十分重大的经济损失。这给我们上了一课，但是这门课的代价未免太大。”吴总也非常欢迎我们来，希望我们的研究能够促进黄龙病的诊断和防控。然后，我们在吴总的带领下参观了百香果种植基地、柑橘无毒苗培养基地，在这里我们采集到了非常重要的生物样本——当时黄龙病大爆发时仅剩的一株疑似“抗性株”的柑橘枝叶及果实，留作后续的生物学研究。

驱车继续北上半小时，我们到达了最后一个目的地，国家4A级景区——三百山自然风景区，这里除了有丰富的林木资源外，还是香港地区主要供水源——东江的源头，是国内唯一一处对香港同胞有饮水思源意义的风景名胜区。行走在山间的小路上，呼吸着充满负氧离子的空气，在一处垂直落差达20米左右的瀑布下，我们取得了东江源头的宝贵水样。

图10　结果的柑橘树

五、寻乌

寻乌是此次生态科考的最后也是最重要的一站。寻乌因赣州脐橙而闻名，但是黄龙病的爆发几乎摧毁了寻乌的脐橙产业，所以此次生态科考也得到了寻乌县委领导的大力重视。在果业局局长、城管局局长的陪同下，短短一天内，我们参观了澄江黄岗金皇果园基地、文峰乡长举柑橘基地、三标乡三桐村椏髻钵山、寻乌县长岭乡四个柑橘生产基地，除了第一个基地山上还长满郁郁葱葱的柑橘树外，其他的山头几乎是光秃秃的（因为黄龙病被砍掉），剩余的健康株也用网罩罩着。回县城的路上，果业局的局长亲自来到我们的车上，为我们讲解近年来防控黄龙病的经验和举措。黄龙病爆发后，60万亩的脐橙如今只剩25万亩。为了防止管理措施不一引发黄龙病的横向传播，剩余的健康果树一律采用统管统治的管理方式；另外，在山头之间种植防护林隔离柑橘木虱的传播并规范种苗的来源。另外，为了建设生态农业，寻乌县果业局还规划了一部分土地用来种植百香果、猕猴桃甚至退果还林来丰富产业结构和保护生态。

第二天我们参观了寻乌调查纪念馆。毛泽东在江西做过四个调查，寻乌调查是他最引以为傲的。在调查后写成的《反对本本主义》中，他第一次提出了“没有调查就没有发言权”。从讲解员的介绍和资料来看，寻乌调查是一次规模相当大的调查，调查一方面解决了党对商业认识的不足，另一方面对阶级进行了重新划分，采取“依靠贫农，团结中农，争取富农”新政，一改过去只依赖贫农的弊病，团结一切可以团结的力量。可以说寻乌调查是毛泽东思想形成的重要转折点。参观结束后，讲解员亲自送了我们《寻乌调查》和《反对本本主义》，我们感到非常荣幸!

六、后记

最后围绕此行的主要目的谈几点我的感想。第一是感到我们确实有责任去关心农民的重大关切，有义务去用自己所学去解决他们的问题。第二是认识到实地考察的重要性，尽管在文献上已读了十几篇关于黄龙病、柑橘木虱的资料，但是到田间之后，仍不能区分黄龙病病株跟健康株，也分辨不出柑橘木虱跟其他昆虫；在柑橘基地第一次见到病树跟柑橘木虱成虫之后，我们感到非常惊讶、兴奋，惊讶的是柑橘木虱几乎小得看不到，兴奋的是终于真正见到了被黄龙病病菌感染的叶片，正是文献上所描述，“沿着叶脉由基部向四周蔓延的黄化”。最后，我想说赣州市的风景确实优美，山环水绕，跟北方的风景截然不同，正是“一水护田将绿绕，两山排闼送青来”。

图11 江西队队员，马小岚

北京理工大学生命学院，2016级生物医学工程专业本科生

队内工作：江西队新闻推送，投稿整理。

个人感悟：科考之行有着许多迷人的点滴，如壮丽的祖国河山，斑驳的历史古迹，祥和安静的庄镇，热情好客的百姓，认真团结的队员，这一路上，感慨此起彼伏，这一路上，欣赏与学习并行。所有的回味，都将化为甘泉，滋润心灵，激励我们不忘初心、砥砺前行。

不忘历史，发扬红色精神

科考路上，感想颇多，数红色最为触动。说到红色，此次科考行程中最符合的莫过于瑞金了。全队于2017年7月13日傍晚抵达瑞金，次日主要在叶坪、红井、沙洲坝等红色景区展开科考调研活动。

穿行于红色古迹之间，聆听着过往的事迹，仿佛穿过历史的隧道，置身于当时当事，感受历史。这种感觉是微妙的，或许也正是这种感觉，促使我去深入了解瑞金的古迹、瑞金的红色旅游，并思考相关问题，不忘历史，发扬红色精神。

瑞金古迹颇多。据悉，2013年，瑞金将叶坪景区、红井景区、二苏大景区、中华苏维埃纪念园（含博物馆、革命烈士纪念馆）四大景区“捆绑”命名为“共和国摇篮”景区，开始争创国家5A级景区。瑞金的红色历史味道是如此浓重。

据了解，瑞金叶坪红色旅游景区是全国重点文物保护单位，这里是中国第一个全国性红色政权——中华苏维埃共和国临时中央政府的诞生地，也是苏维埃共和国临时中央政府机关和党中央苏区的最高领导机关——中共苏区中央局的第一个驻地，在中国革命史上写下了光辉灿烂的一页。毛主席等一大批老一辈无产阶级革命家都在叶坪生活和工作过。这里的旧址景点有很多，中华苏维埃共和国妇女生活改善委员会旧址、中央警卫营旧址、全总苏区执行局、第一次全国苏维埃代表大会会址、第一次全国苏维埃代表大会旧址、中共苏区中央局旧址、博生堡、公略亭、红军烈士纪念塔、红军烈士纪念亭、红军检阅台等。每一个建筑都承载着历史，承载着先人血的拼搏与奋斗！主席的勇谋，红军的英勇，百姓的淳朴，历史场景似乎随着讲解员的讲解扑面而来。

红井是当年党和苏维埃政府关心群众生活、为人民群众办实事的历史见证。红井享誉海内外，成为人们向往、仰慕的神圣之地，甘甜的红井水滋养了一代又一代人。沙洲坝曾是个干旱缺水的村庄，1933年9月，为破除迷信、解决当地军民饮水困难等问题，毛主席带领身边的工作人员同当地群众一起开挖了一口水井，为附近的百姓们解决了困扰多年的饮水问题。红井的故事早已录入小学课本，可算是从那时就已了解，现今得以见到实物，得以亲尝红井水，感触很是不同。除了到此一游的喜悦，更甚的就是增强了对毛主席的崇敬之情。

二苏大景区有中华苏维埃共和国临时中央政府大礼堂，这是当年红军在瑞金留下的唯一自己建造的大型房屋。人们把它称为北京人民大会堂的前身，第二次全国苏维埃代表大会在此召开。我们在这里拿出了党旗，留下了我们充满敬意的合照。我们还参观了礼堂，礼堂简洁大方，庄严肃穆。

瑞金之行主要在上述三地展开活动，而中华苏维埃纪念园的建设可谓别具匠心。其包括九个景区，每一个区都体现着不一样的历史事件，都凝结着不忘历史的智慧，凝结着传播红色的心血。一是中央苏区：以“关心群众生活，注意工作方法”为主题；二是湘赣苏区：以“军民同心，团结战斗”为

主题；三是闽浙赣苏区：以方志敏雕像及其遗作《可爱的中国》为景观切入点，展示爱祖国、爱人民的主题；四是鄂豫皖苏区：用壁画的表现形式讴歌红军在反围剿战役中的英雄气概；五是川陕苏区：以当时红军的宣传口号“赤化全川”为主要题材，以石刻的形式纪念红军宣传思想工作的一大创举；六是湘鄂西苏区：以反围剿战役中贺龙和其他苏区领导人桐油灯下的会议为题材，颂扬人民战争中最经典的陆地战役，再现最经典陆地战役的伟大智慧与战略意义；七是琼崖苏区：以“琼崖颂”为主题；八是西北苏区：以当时西北革命苏区的版图形状为雏形，设计景观雕塑，雕刻毛主席对习仲勋的评价“从群众中走出来的群众领袖”和壁画“习仲勋在南梁”，来纪念这位从群众中走出来的无产阶级革命家；九是鄂豫陕苏区：以“热血颂”为主题。

可见，瑞金红色景点多，历史意义非凡，这自然也成了瑞金发展的特色之一。另外，红色精神的传承和发扬是需要媒介的，而古迹正是一个不错的媒介。综合红色传扬价值、旅游价值、经济价值、文化价值等多方面因素，瑞金走发展红色产业这条道路，是正确的也是有一定的必然原因的。而要做到不忘历史、发扬红色精神，我认为，一是需要借助景区的优良发展，让它们成为一个很好的学习媒介，二是需要激发起大众的红色学习意识，并将其提升为思想觉悟，形成一种由被动到主动的良性循环。

由相关资料分析得知瑞金的红色发展有优势，但也存在着问题，以下简要论述。

它资源丰富——瑞金市拥有的相关文化古迹颇多，是全国12大重点红色景区和10大红色旅游城市之一，具有其他红色旅游景区不可替代的历史地位。

它区位优势明显——毗邻广东和福建两省， 地理位置极其优越。自然条件丰富，景色优美，气候宜人，交通便利。

它受重视程度高——红色旅游因其重要的经济、政治和文化作用受到了党和国家的高度重视和大力支持。

它战略发展目标明确——瑞金市早在1999年就提出了大力发展红色旅游

的构想，近年来，红色旅游发展十分快速，创收也不可小视。

它受惠于国家对红色教育的重视和推动普及——近年来，国家越来越重视红色教育，小至小学生，大至工作人员，都受鼓励去了解并熟悉红色文化。目前，随着“两学一做”的开展，瑞金红色景区经常接待一些部门或者个人专门过来参观并学习，当然还有一些做暑期实践的大学生。

问题及改善建议如下：

一是配套基础设施不够完善。改善景点附近就餐、就住的地方少的问题；加速景区间交通设施的建设；市内经济发展需要进一步提升，如建设多一些的高级酒店、饭店等，以满足不同层次顾客的需求。同时也要加强其他基础设施的建设，比如医疗设施等。另外，景区内也要形成一体化的服务体系，比如在某一处地方，或某几处地方，多提供一些餐饮、娱乐、单纯休息等的设备，以方便游客。

二是景点经营模式比较单一。从我们的活动开展中可以看到，整个旅游区是以游人游玩观赏为主、讲解为辅的模式。这种模式的吸引力确实不够强，尤其是对于儿童和青少年来说，不太能提起兴趣。然而，他们又是很需要接受这方面教育的人群。建议可以在景区建设一些能包含景区历史内容的游乐设备，寓教于乐。再者，景区可以充分利用网络设备、智能设备的力量等，发起一些特色活动，吸引更多的游人前来参观学习。另外，景区的景点介绍应更有侧重点，以特色为主，吸引游人注意力。

三是旅游业关联性强、带动面广，涉及多部门、多行业，因此必须以政府为主导，相关部门之间明确分工、各司其职、加强沟通、密切合作，完善旅游市场机制，加强旅游业规范化管理。

四是景区应该意识到其作为传播和发展红色精神重要媒介的作用，充分利用好新媒体，提高景区知名度，传播景区相关知识，吸引游人前来学习参观。

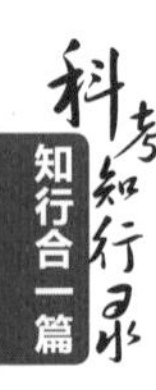

五是注重和地方其他产业的合作，互相帮助，借助产业的经济力量等推动景区发展。

六是继续做好保护古迹的工作，红色旅游资源属于不可再生资源，要做到保护充分，只有这样，才能促进全面发展。

优势保持，劣势改进，努力促发展。景区是传承和发扬红色精神的重要载体，它发展好了，自然也就有助于大家去学习、去了解。

学习和发扬红色精神，也需要相关部门自上而下做好良好的宣传和鼓励措施，调动大众的激情。比如，在中小学的教育教学安排上多有侧重；鼓励并适当安排中小学生学习红色精神，并力求实地感受；鼓励安排相关工作单位人员前来参观学习；利用好广告、电影、电视剧等媒介开展吸引、鼓励教育等。

要知道，历史是有智慧的，就像有句话所说“读史使人明智”。我们不能忘记历史，要学会从历史中吸收精华，规避已知的错误，用于帮助今时今日的发展。小到个人，大到世界，都能从历史中找寻到自己所适用的部分，找寻到想要的智慧。不忘历史，居安思危，于己于社会，都有好处。

而红色精神之于瑞金体现在：革命时期，瑞金人民在中国共产党的领导下，和敌人进行艰苦卓绝的战斗，牺牲巨大，无数烈士为革命献出了宝贵的生命。往昔岁月，到处战火纷飞、腥风血雨，无数赤胆英雄用鲜血染红了“红色故都”的片片热土，为共和国的创建做出了重大贡献，建立了不可磨灭的功勋，在中国革命史上写下了光辉的篇章。先辈们用血汗在奋斗，洋溢红色精神、革命精神，为了心中沸腾的热血，为了国家，再苦再难也坚持着。

学习红色精神，不是要我们像先辈那样“抛头颅，洒热血”，也不是要我们天天只把红色精神挂嘴边，更不是要我们把红色精神当成一个可望不可及的存在，而是要真切学习它的真实内涵，心怀祖国，不畏艰险，勇于拼搏，把这些东西深刻到骨子里，外放在适用于自己的行动上，以塑造一个更美好的自己，做到这些，也就能不枉“我学习并发扬了红色精神”！

不忘历史，发扬红色精神，需要景区的优良发展，需要大众的共同觉悟。科考一行，瑞金有感，历史在心，让我们怀着红色精神，砥砺前行。

图12　江西队队员，孙欣欣

北京理工大学生命学院，2015级药学专业硕士研究生

队内工作：新闻稿撰写人，负责科考行程新闻稿的撰写。

个人感悟：走进赣南地区，深厚的红色底蕴，淳朴的客家文化，老一辈革命家留下的足迹，都像赣江水一样，源源不断地涌进我的心底，给我力量，孕育我成长；让我坚定方向和信念，不畏艰险，奔向远方——这才是最真实的教科书。

赣南科考
——力量的源泉

在研究生生涯的最后阶段，我有幸参加了生命学院组织的生态科考活动。这次假期实践，一路收获颇多，对社会的认识、对人生的领悟有了更深的理解。

虽然只是短暂的一周，但在这短暂的时间里，我结识了新的朋友，收获了并肩作战的友谊；锤炼了自己吃苦耐劳、不屈不挠的品格；升华了自己对人生的追求，更好地实现了自己的人生价值。

从收到生态科考活动的通知，自己内心就充满渴望想参加这次机会难逢、意义深远的实践活动。但是在课题选择、资料查找的过程中，还是对自己能否顺利地进行自己的课题，能否完成自己承担的任务没有信心。也曾想

过放弃，感觉科考任务很重，自己没有经验，但犹豫了两天，还是毅然决定去尝试一下，我鼓励自己，越是不想参加的活动，就越应该充满信心去迎接挑战，多去经历一些团队实践活动，让自己的阅历更丰富，不断充实自己，学会更好地与他人合作交流。就这样，我正式加入了这个生态科考团队。在出发那天，学院的领导、带队老师和科考队员举行了发团仪式。领导嘱托我们要发扬不怕吃苦、勇于挑战困难的科考精神，同时，一定要学会照顾好自己，注意行程的安全，并给我们不断打气，相信我们会圆满完成科考任务。北京理工大学生命学院2017年生态科考江西队肩负科考任务，不远千里，开始了为期一周的生态科考活动。

经过短短一周的生态科考，我们对当地的产业发展、生态保护、红色文化发展及传承等方面有了更深刻的认识。赣南地区不仅在红色革命遗址的开发和保护方面让每个来到这片红色土地的人接受到革命精神的洗礼，而且其对自然环境保护问题，诸如水源保护、生态发展等也积极应对，得到了老百姓的认可和支持。

团队协作支撑了整个科考的过程。每名队员都是带着自己的课题任务参加科考活动的，虽各有任务，但是大家都自觉地分担队内的事情，这种自觉履行、互助合作、团队协助的风气正是我们科考团队应有的精神，这无疑让每名队员都感受到来自同伴的帮助与支持。在我们抵达瑞金，参观中华苏维埃革命根据地叶坪景区时，有红色革命遗址开发及传承课题的同学，由于要向游人分发问卷以完成任务，其他队员们都主动帮忙向游人分发。几个地点参观完成后，问卷的任务圆满地完成了。还有是对流经赣州地区的两条水系——章江和贡江的水域进行水样检测时，由于采样地点较多，且不排除有采样困难的情况，大家就一同想办法，保证了采样过程的顺利进行。这种互帮互助的协作精神鼓舞着每一个人，虽然任务艰巨，但是有队员之间的分担合作，我们对任务的完成充满信心和希望。

在赣州地区通过走访政府部门以及当地的居民后，整个科考对我来说意义最大的可能就是了解到当地为应对柑橘产业的致命病害黄龙病所做的努力，以及后续的产业转型等问题了。柑橘产业作为当地的支柱产业，它的发展状况是大家共同关心的话题。这件事让每个人都感慨颇多，激发了我们从事科研的想法和勇气。

江西赣州地区具有得天独厚的脐橙种植区位优势，使得脐橙的种植面积达到世界第一，年产量达到世界第三，产业效益日益突出，果业产业集群总产值达60亿元，脐橙种植户约20万户，从业人员达60余万人，脐橙种植已成为当地农民收入的重要来源，成为地方农业领域的重要支柱产业。但是困扰当地果农的一大问题就是柑橘黄龙病，柑橘黄龙病是世界性柑橘种植上的毁灭性病害，严重制约柑橘产业的健康发展，对当地的产业发展情况造成了不可避免的影响。通过实地走访果业部门，去柑橘产业基地进行调查，我们认识到了柑橘黄龙病所带来的灾难。此病害不仅让果农痛心，让政府部门焦虑，也引起我们科考队的一番研究热情。

从发现柑橘黄龙病至今，对柑橘黄龙病的研究一直没有停止过。因为缺乏抗生素方面的药物，目前仍然不能根治此病，主要以预防为主。对发病植株最常用的方法仍然是铲除病树或者剪掉病枝，但这会给柑橘产业造成很大的损失。最合理的方法就是加强果园管理，消灭柑橘木虱，及时挖除病树，培育无毒苗，尽早培育出抗性植株。当地政府部门对柑橘黄龙病的防治等工作一直不敢懈怠，从各个方面寻找解决黄龙病的措施。一些科研机构也积极参与了黄龙病防治的研究内容，可见大众对柑橘黄龙病的高度重视。当地政府及柑橘种植基地为应对柑橘黄龙病采取了一系列措施，包括在传播媒介——柑橘木虱的防治方面，我们在柑橘种植基地看到了果农在柑橘种植区覆盖防护网，以此来保护未受黄龙病感染的柑橘树，虽然耗资较大，但为了保护柑橘树免受病害感染，即使防护网会对柑橘果实的品质造成一定影响，也要这样做。另一方面就是在柑橘基地专门培育无病毒苗木，地方统一育苗，统一规划种植，统一管理，从根本上避免带病苗木掺入田间。另外，我们在基地还看到了生态防护林，果农向我们介绍，现在的绿色防治措施也逐渐地开展起来，像生物防治一类虽然还没有实施，但不可否认，这是将来防控病虫害的一个趋势。在山顶种植杉树，形成生态隔离带，山下则种植柑橘，这样黄龙病的传播媒介木虱就不会飞跃隔离带在柑橘园中传播。这种措施符合柑橘的自然生长环境，对柑橘的果质也不会造成影响，相比之下，要优于防护网的措施。

除去在控制柑橘黄龙病爆发方面各个部门所做出的努力，政府部门也在当地的柑橘种植区开展产业转型工作。这些地区受到黄龙病侵害的损失较大，病树面积较大，只能大量砍伐柑橘病树，改种其他果树，实现产业转型。寻乌县南桥镇的柑橘树已砍伐大半，在镇政府的领导下，该地区开启了葡萄、蔬菜大棚等种植模式，我们参观完示范园区后，感受到当地部门对积极引进新技术、新产业的学习热情。另外，当地还依靠油茶、百香果、荔枝等产业增加经济收入。同时，地方还积极发展电商模式，将当地的农产品自产自销往全国各地。加上已有的一些手工业、养殖业等，当地多种产业并存，使柑橘产业实现了新的转型。这种措施对于其他地区的产业发展也是有所启发的，即防止恶性循环，发展新型产业，避免经济产值遭受更大损失。

在寻乌县科考期间，印象较深的是在谢镇长的带领下，我们在当地的村庄进行实地调研，谢镇长亲民的风格给我们留下了深刻的印象，他对当地村庄实施的各项政策、条例了如指掌，带我们参观蔬菜水果种植示范基地，向我们讲解各项种植新技术，最后鼓舞我们一定好好学习科学知识，坚定为人民服务的信念，努力走好科研道路。镇长坚守服务基层、不求回报、平易近人的精神品格为我们树立了榜样。努力学好科学知识，为社会服务，将科研

图13　柑橘砍伐后的山

成果转化为社会效益才是真正有意义的事情。

通过不到一周的走访调查，我亲身体会到那些奔波在田间的老百姓的疾苦，相比之下，我对最初承担生态科考任务时那份恐前怕后的心态真的感到惭愧，随着科考一天天进行，我要努力出色完成科考任务的意志也在不断坚定。七月的江西，骄阳似火，从早到晚，大家一直奔波在不同的科考地点，虽然很累，但是没有人轻易放弃，我想，是一种不畏艰难困苦的意念在支撑着大家吧。我不断激励自己一定要坚持下去，努力把每天的事情做到最好。

这一段江西科考历程，让我们得以亲身体验当地的红色文化，感受革命精神的伟大力量；也切身体会到了当地政府部门在保护生态环境、发展经济、教育扶贫等方面所做的努力。

这次科考，不仅帮助我们了解了当地的发展现状，也使我们受到了精神上的洗礼，对于我们以后开展关于个人发展、人生价值、服务社会的思考都有很大意义。

北京理工大学生命学院，2016级生物学专业硕士研究生

队内工作：录音员，负责科考全程访问、交流录音。

个人感悟：通过此次生态科考，我不仅更深刻地认识到调查就是解决问题，更理解到真正的发言权来自调查，没有调查就没有发言权，更没有决策权。在平时的学习生活中，我们更要实事求是，认真对待每一个科学实验。

图14　江西队队员，吴月

江西柑橘黄龙病考察随感

为研究柑橘黄龙病防治方法、减少病害经济损失及对江西地区水土地质进行考察检测，北京理工大学生态科考队于2017年7月11日，正式前往江西开展实践活动。

7月12日，科考队抵达瑞金。瑞金是闻名中外的红色故都、共和国摇篮，曾是苏区时期党中央驻地、中华苏维埃共和国临时中央政府诞生地、中央红军二万五千里长征出发地等，也是全国爱国主义和革命传统教育基地。7月13日，我们来到了会昌县西江镇石门村，对瑞金柑橘黄龙病进行调查。通过钟书记与宋书记的介绍，我们了解到了当地果园黄龙病的概况。钟书记共管理100亩柑橘地，含大约3 000株柑橘树。2014年起果园黄龙病开始爆发，2015年砍掉病树几十株，2016年砍掉病树100来株。赣州市果业局为果农提供防控措

施及培训，并定期检测黄龙病。果园管理方法与正常果园管理无太大差别，包括定期施肥、喷洒农药等，该果园管理较好，黄龙病控制到了10%以下。而对于黄龙病的防治措施为彻底砍掉病树，待根系死亡后，方可重新种植新的植株。

7月14日，我们来到赣州市柑橘研究所，严所长为我们详细介绍了赣州市柑橘与黄龙病的情况。赣州市柑橘研究所于1981年建立，大力发展柑橘产业研究。赣州共1亿多株柑橘树，至今因为黄龙病共砍树4 000多万株。而有效的防控方法只有通过控制木虱数量与阻止木虱传播，以及砍掉病树。早在20世纪70年代，就有村民发现黄龙病，到1986年，某些乡镇就爆发过黄龙病，铲掉病树几百亩，但是那时这一现象并没有得到政府的重视，黄龙病由于症状表现为叶变黄，早期被称为黄叶病。赣州在2004年起发现黄龙病，检测黄龙病的手段一般为目测，若秋天果实为青果且果软，可以确诊为黄龙病，得了黄龙病的柑橘树由于筛管被堵塞，营养物质无法传递，最终会死亡。2011年起，田间开始发现大量木虱，到2013年黄龙病大爆发，砍掉病树1 000万株，2014年与2015年是黄龙病最严重的两年，这段时间政府与果农积极配合，木虱基数逐渐减少，黄龙病病情也基本得到控制。关于2014年与2015年黄龙病大爆发的原因，严所长如是解释：首先黄龙病出现早期，果农不认识木虱，不了解黄龙病的症状及危害，误以为果树缺素，导致错过了最佳治理时期，等到果农意识到黄龙病的危害时已为时已晚，木虱基数已达到高峰，控制其传播极其困难；再加上近几年赣州冬天降雨天数较多，雨量大，果农对果园疏于管理，从而导致木虱数量的累积甚至黄龙病的大爆发。严所长介绍道，对于黄龙病的治理，政府拨款不多，从2013年到现在，治理经费不到100万元，且在治理过程中果农做不到统一行动，有人砍掉病树，防止黄龙病进一步蔓延，而有人则不砍，病源的存在严重威胁到周边果园的健康状态，政府目前没有出台强制性的法律法规防控黄龙病，只能积极建议，给果农进行黄龙病防控知识普及，尽量保护好健康株。赣州市柑橘研究所尚未进行通过木虱的趋向性控制木虱数量达到控制黄龙病的研究，不敢轻易使用转基因，以及尚未得到黄龙病菌的纯培养，这些都可以是我们将来努力的目标。

柑橘研究所基地夏主任、罗主任等人为我们详细介绍了木虱习性，并为我们解惑。在接下来的日子里，我们相继访问了赣州市气象局，高级工程师谢远玉为我们介绍了赣南地区的气候信息，并就黄龙病爆发的气象因素进行了详细分析；赣州市果业局赖总工程师为我们详细介绍了赣南脐橙产业的发展状况及黄龙病的防控；安远县果业局魏盛禄站长详细介绍了安远县果业发展现状及黄龙病的防控情况；王品农业科技有限公司吴总带领我们参观了优良柑橘无毒苗繁育基地以及黄龙病抗性株；在寻乌县果业局彭开云局长等人的带领下，我们参观了澄江镇黄岗金黄果园基地，并听他们介绍了当地近几年的柑橘发展与果园管理情况。几天下来我们大致了解了江西瑞金、赣州、安远、寻乌柑橘黄龙病的概况及其治理情况。

柑橘黄龙病从开始出现、发展到大爆发，各级政府都做出了积极应对措施，部分果农也积极配合，目前黄龙病暂时得到控制，没有继续扩大的趋势。总结下来，黄龙病的防控措施有以下几点：

① 砍病树——目前病树已砍得差不多了；

② 种植无毒苗木；

③ 杀木虱——控制木虱数量，由于木虱带病率不高（7%～8%），因此木虱达到一定数量才会爆发黄龙病，控制木虱数量即控制黄龙病菌的传播；

④ 喷洒农药——参考森防、飞防方式喷洒农药；

⑤ 打击“三无”苗木——苗木管理不到位，黄龙病通过老百姓买卖传播，导致黄龙病的蔓延，因此要强烈打击“三无苗木”，严格控制苗木的流通管理。

但是黄龙病依旧是柑橘生产中的毁灭性病害，亟待解决的问题主要有以下几点：

① 大产业与果农的矛盾——赣州市60万户果农统一行动困难；

② 病树量大——提出将病树数量控制在一定水平下（防控目标为1%以下）；

③ 复产时间——黄龙病树砍掉之后何时复产比较难控制，点多面广；

④ 科研力量不足——目前科学界对黄龙病防治的研究不足，尚未取得成果；

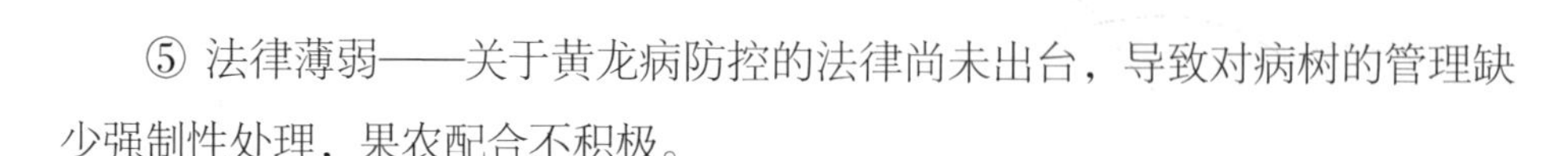

⑤ 法律薄弱——关于黄龙病防控的法律尚未出台，导致对病树的管理缺少强制性处理，果农配合不积极。

此次江西生态科考我们收获颇丰，离不开政府与果农的大力支持与配合。我们不仅详细了解了当地柑橘及柑橘黄龙病的现状，还在此过程中温习了红军革命精神，深刻认识到调查就是解决问题，更理解到真正的发言权来自调查，没有调查就没有发言权，更没有决策权。坚持实事求是，就必须坚持一切从实际出发。实际事物是具体的，而本本是对实际事物研究、抽象的结果，不能成为研究问题和做决策的出发点，出发点只能是客观实际。要了解客观实际，就必须深入群众、深入实践进行调查研究，把客观存在的事实搞清楚，把事物的内部和外部联系弄明白，从中找出能够解决问题、符合群众要求的办法来。所以，调查研究是从实际出发的中心一环。实事求是，调查研究，一切从实际出发，理论联系实际，是我们党一贯的优良传统，是党同人民群众保持密切联系的重要渠道，也是我们党的一项基本工作方法和领导制度。实事求是永无止境，调查研究也永无止境。历史在发展，时代在前进，在新的历史时期，我们肩负着中华民族伟大复兴的历史重任，需要不断探索和解决前进道路上许多复杂的新情况新问题。我们一定要继续解放思想、坚持实事求是，以科学态度对待马克思主义，用发展着的马克思主义指导新的实践，求真务实，锐意进取，不断研究新情况，解决新问题，开创各项工作新局面，实现中华民族伟大复兴的百年梦想。在平时的学习生活中，我们更要实事求是，认真对待每一个科学实验。

此外，科考队每位队员在短短一周的相处中，在相互协作的过程中收获了友谊、师生情谊。感谢北京理工大学生命学院给予我此次参加江西生态科考的机会，这将是我一生都难以忘却的体验。

图15　江西队队员，武睿鹏

北京理工大学生命学院，2015级生物工程专业本科生

队内工作：物资搬运。

个人感悟：生态科考虽然只有短短的一周时间，但在这几天中，我们走过了老一辈革命先烈的路，观察了郁郁葱葱的树，采访了形形色色的人。在科考的路上，有开心、有纠结、有严肃、有活泼，虽然辛苦，人人却都满载而归。生态科考，带给我的不仅是一次考察的成果，也是对自己的一次考验，对身心的一次锻炼。

江西生态科考感想

2017年7月11日，为了调查江西省赣州市黄龙病的防治方法和致病机理、开展对寻乌地区水质和土壤的检测，以及深化对红色遗址精神传承的研究，北京理工大学生命学院生态科考江西队进行了生态科考活动。

7月13日我们正式在瑞金开始了科考活动。瑞金是闻名中外的红色故都、共和国摇篮、苏区时期党中央驻地、中华苏维埃共和国临时中央政府诞生地、中央红军二万五千里长征出发地等，还是全国爱国主义和革命传统教育基地和中国重要的红色旅游城市。

下午，我们来到了会昌县西江镇石门村，在交谈中，当地的宋书记和钟书记向我们介绍了目前柑橘产业的危机——黄龙病的病害，以及当地柑橘业的发展现状。在他们的介绍下我们了解到这里3 000多株柑橘自2013年黄龙病爆发以来，已陆陆续续砍掉了几百株，每年都会有果业局的人来果园定期不定期地做检测，以防止果园黄龙病的大规模爆发。同时还告诉了我们柑橘的生长周期，果树从3月起挂果至11月成熟，期间经历春梢、夏梢、夏秋梢、秋梢四次抽梢，每一次嫩芽都会吸引黄龙病的传播者——木虱。接着，钟书记带我们到了附近的柑橘果园进行采样。这片果园的果农向我们简单介绍了他们种植柑橘时的注意事项，比如化肥的选择和打木虱的农药等，使我们受益良多。

7月14日，我们到了赣州市柑橘研究所，严副所长为我们介绍了赣州地区柑橘黄龙病的爆发趋势、分布情况等信息。柑橘研究所于1981年建所，致力于柑橘种植业的研究。自1986年黄龙病于广东省被发现，2013年黄龙病大爆发，至2014年与2015年最为严重，柑橘研究所将大量的资金用于防控病害上。因此，近几年对于防控木虱的力度一再加大，已基本将木虱数量控制在了一定基数以下。同时，他们为我们指点了黄龙病会大规模爆发的原因：①人为因素。果农对于黄龙病及木虱的重视度不够，即使发现了黄龙病也只当作一般的缺素症处理，为黄龙病的传播提供了机会。②种植密度过大。木虱不能远距离飞行，只能随风进行传播，果农为了获得更高的产量，将株行距调整得过窄，为木虱传播提供了便利。③气候因素。木虱冬季以成虫过冬，冬季下雪则会使温度下降，冻死部分木虱。但近两年冬季温度升高，木虱能够顺利过冬，因此造成了木虱数量暴涨，引发了黄龙病的爆发。随后，在严副所长的指引下，我们又来到了柑橘研究基地，在那里，我们真正见到了木虱叮咬柑橘的惨状以及感染黄龙病的病树。基地的夏主任和罗主任等人为我们介绍了木虱的生活史。木虱一年可产9～10代，每只雌性木虱一生可产300～500粒卵，从卵发育为成虫仅需十几天，成虫可生活70～100天。每年的夏秋季是木虱发育生长的高峰期。黄龙病菌在木虱体内经过消化道回到唾液腺内，以感染新的寄主。作为研究人员，他们也为我们提供了许多关于黄龙病的研究结果，并为我们不太明白的问题一一解惑。

7月15日，为了进一步增加对柑橘和黄龙病的认识，科考队来到了安远县果业局。果业局魏站长为大家详细介绍了安远县果业发展的现状，重点讲解了柑橘产业的发展情况以及黄龙病对安远县柑橘业造成的损失，并对本县黄龙病的防治方法做了重点介绍。随后我们到达工品农业科技有限公司调查了自主研发的无菌苗木以及抗黄龙病株。

自2013年黄龙病在江西省大规模爆发以来，黄龙病的分布主要表现为南方强于北方，由于南方气候较热且多雨，有利于木虱的繁殖，且冬天温度较高，所以为木虱的爆发提供了良好的环境。木虱是影响黄龙病传播的主要因素，又由于黄龙病只可预防不可治疗的特性，当地的果农们都选择从木虱这一阶段进行黄龙病防控。目前果农主要通过打杀虫剂的方式来消灭木虱，为防止产生抗药性，常常需要通过多种杀虫剂混合施加才能发挥效果，市面上常用的杀虫剂已有几十种。但过度使用杀虫剂会造成环境的污染，并且针对躲入附近草丛中的木虱并不能有效地进行消灭，因此杀虫剂主要用于在外的大片果园，而较小面积的果园则通过防虫网进行隔离。40～60目的防虫网能够有效地防止木虱的叮咬，目前防虫网价格为每平方米40元。当地大部分小面积果园都通过防虫网来防治木虱，且效果明显。在山上的果树则主要通过以下三种方式进行控制：山上戴帽、山间隔离、山下种草。山上的柑橘进行了防虫网隔离，防止木虱通过高处的风进行转移，山间则通过种植杉树对木虱进行隔离，山下则以种植草本植物阻止木虱繁殖。除对木虱的隔离外，当地还进行了树苗的严格筛选。早期树苗以微芽嫁接的方式对黄龙病菌进行脱毒，嫁接苗经过培养并转移到产穗树上继续生长获得穗，移植到大棚进行假植苗的培养，由于假植苗发梢时间不固定，所以不能作为生产柑橘的苗木，经过2～3年的大棚培育，假植苗发梢时间固定后，才可将培育的无毒苗正式移栽到山上，并进行药物控制，成为可产果的无毒树苗。柑橘树苗经过4年的生长开始挂果，自第8年至第28年为丰产期。其中一株成年树每年可产100～300斤柑橘，每斤柑橘4～5元，由于柑橘黄龙病的强致死性与传染性且不可治愈，果农不得不砍掉大面积的患病树，由此可见以柑橘作为主要经济来源的当地果农的危机。虽然近两年政府的大力防控已将果树患病率由2013年的19.7%降至2016年的7.2%，但仍有许多果农受到黄龙病的困扰，因此黄龙

病仍然是亟待解决的问题。

这次生态科考使我受益良多，它不仅是对自然和科研的一次实践，也是对心灵的一次磨练。除了对自然进行了考察外，也接触了许多人文景观，从瑞金的中华苏维埃临时中央政府到红井再到寻乌的毛主席故居，这里是红色的发源地，我们走着老一辈革命先烈的路，感受着先烈的精神，体会着他们当年生活的艰辛。看着《反对本本主义》中“没有调查就没有发言权”，我想我们的生态科考需要的就是这样一种实事求是、先调查后说话的精神，只有真正对所调查的内容有所了解、有所感悟，才能内化成为自己的话，发出自己的声音。这话也不仅仅是对我们的调查而言，对我们的平日生活也是一种警示，只有充分了解事情的起因经过，才能够发表自己的言论，否则无论说什么做什么都是毫无意义的。红井旁写下的“吃水不忘挖井人”也在时时刻刻提醒着我们不能忘记先人所做的贡献，并始终牢记老一辈先烈那些年艰苦的生活，激励自己不断前行。

在生态科考中，每一位同学都满载而归，收获了自己的课题，感受到了江西省不一样的自然与人文景观，同学间更是结下了深厚的友谊。生态科考这几天，我不仅完成了自己的课题，更见识了不一样的生活，不一样的环境和不同的处世态度，也希望这些能伴随着我一直向前。

图16　江西队队员，张国栋

北京理工大学生命学院，2015级生物医学工程专业本科生

队内工作：每日新闻稿的修改以及推送的编辑排版。

个人感悟：“没有调查就没有发言权”是毛主席寻乌调查时的基本立足点与原则。同样，这一原则适用在现代社会的方方面面，对于个人，对于或大或小的单位，这是决定能否取得成功的重要因素；对于国家，更是决定能否更好更快发展的关键点。因此，我们必须要重视和发扬这一经典论断。

寻乌调查纪念馆有感

在科考的倒数第二天，我们一队来到了寻乌县。上午十点半，在生命学院院长罗爱琴的带领下，科考队的全体队员一同参观了寻乌调查纪念馆。在纪念馆副馆长的详细讲解下，我们参观了毛泽东同志旧居、寻乌调查陈列室、红军干部会议旧址等景点。这次参观使同学们对毛泽东同志提出的“没有调查就没有发言权”的论断有了更深刻的领悟。而我感触最为深刻的是寻乌调查陈列室，陈列室详细展示了毛主席当年在寻乌调查的点点滴滴，包括为什么要在寻乌做调查，做了哪些调查，用了什么方法，期间遇到了什么困难，最后取得了什么样的成果，以及后来历代国家领导人对寻乌调查的高度评价等。

首先，我想就寻乌调查的具体过程做一个较为详细的介绍，因为毛主席调查的整个过程就非常的具有科学性与普适性，我们从中可以获取大量的经验与智慧。

那么，寻乌调查的背景是什么呢？当时中国共产党已在江西、福建的边界建立了革命根据地，为了认清中国农村和小城市的经济状况，开展土地革命，巩固农村革命根据地，毛主席从实际出发，运用马克思主义的阶级分析方法，作了这个调查。为什么毛主席会选择1930年在寻乌县做调查呢？这其中有两个原因。其一，当时蒋介石的兵力被牵扯在外，无心顾及闽赣边界，这给毛主席做调查提供了充足的时间与形势条件。其二，寻乌县地处闽赣边界，两地来往大多经此，因此，寻乌县能够客观地反映闽赣两个地区的各种社会情况，具有一定的代表性，不至于出现偏颇的情况。从中，我们可以总结出两个道理。第一，一定要从实际出发，结合当时的具体情况，再去做一些实践或者论断。毛主席做调查本身就是要了解当地的经济状况，从实际出发制定一些政策，而在时间与地点的选择上也结合了当时的具体情况。可见毛主席处处都注意将理论运用到实际当中。第二，在做调查时，受限于人力物力，我们大多时候不能够进行大规模的调查，只能够选择一部分来概括整体，这就需要被调查的部分具有相当程度上的代表性。我们在做调查或者调研时，同样需要重视这些方面。

选择了调查时间及地点后，又面临着该怎样去调查的问题。这时候，出现了一个重要人物，他是毛泽东开展寻乌调查的有力助手，是本地客家人，又懂一点官话、普通话，除了做翻译，还承担了大量联系组织协调工作，这个人就是古柏。然而，一开始古柏对寻乌调查也不太理解，认为就是问一问、记一记就可以了。毛主席看了他的记录以后，说还要进行对比，于是自己动手重新再整理，按照商业问题、土地问题、农民问题、富农问题分类进行分析研究，古柏这才真正领悟到了调查研究的真谛。调查期间，毛主席亲自和老农们在田间地头劳作，了解各种情况，和群众建立了很好的联系，之后又召集了各个阶层的人集中开会，进行调查，这些人中有商会会长，有贫农中农富农，有教师等。他们来自各个阶层，代表了寻乌县的各个经济阶

层。经此，毛主席对寻乌县的商业等经济状况有了清晰深刻的了解，从而为后来政策的制定打下了坚实的基础。认真、严格的工作态度，才能让毛主席全面而深刻地了解寻乌县的具体状况；而马马虎虎、敷衍了事的调查只会获取片面的甚至错误的信息，并会对工作的开展产生不可估量的影响。因此，我们要始终秉承认真严格的态度去做事，才能获得正确的结果。

1930年5月，毛主席总结包括寻乌调查在内的一系列农村调查实践经验，写下了《调查工作》，即《反对本本主义》一文，从哲学的高度第一次提出了“没有调查就没有发言权”“调查就是解决问题”的著名论断，提出了“必须把马克思主义理论同中国实际情况相结合”“中国革命斗争的胜利要靠中国同志了解中国情况”的重要思想，开创了马克思主义中国化的先风，初步形成了毛泽东思想活的灵魂的三个基本点，即实事求是、群众路线和独立自主。

寻乌调查是毛主席最全面、最系统、最深入的一次大规模调查。如果将这次调查当作一个模板，那么我想，我们这次的生态科考还有许多地方需要完善。以我的课题为例，我的课题是调查赣南地区果业林业的发展历史、现状及存在的问题。大多时候，我都会去当地的林业局、果业局去了解情况，而不能深入田间地头，同当地果农去了解一些最真实、最全面的情况，这其中既有行程安排方面的时间问题，但主要还是当时不能够正确认识到调查的正确方法，以致调查颇为片面，不能真实地反映当地果业林业的发展情况。

此外，寻乌调查的精神对于一个学校的发展也具有非常重大的意义。以北京理工大学为例，学校应更多地听取学生们的意见与建议，这样才能促进学校的发展。

对于国家来说，寻乌调查的精神更是至关重要。国家制定的每一项政策都关乎万千民众的生活，因此容不得一点马虎。基层干部们要从群众中来，到群众中去，搞好与群众的关系，同时掌握正确的调查方法，这样才能了解人民最需要什么，最亟待解决的问题是什么。近年来国家高层领导人经常走基层，深入人民中，我想，这就是对寻乌调查精神学习的最好实践。

“没有调查就没有发言权”这一哲学上的论断，是我们解决任何问题的基础。如果你对哪个问题不能解决，那么你就去调查那个问题的现状和它的历史吧。你完完全全调查明白了，你对那个问题就有解决的办法了。《寻乌调查》以及《反对本本主义》是毛主席将马克思主义同中国实际结合产生的智慧结晶，是我们到任何时候都需要坚持的路线。

参观结束，伫立马蹄岗，嗒嗒的蹄声早已远去，唯有古朴的建筑、陈列的文物，在向人们诉说着当年的故事。它以亘古不变的方式，从历史的深处涌出，向远方的未来流去。

图17　江西队队员，张壹心

北京理工大学材料学院，2015级新能源材料与器件专业本科生

队内工作：新闻稿安排及审核，通讯稿撰写。

个人感悟：感谢科考，让我收获了这段红色的记忆；感恩这片红色的土地，给予我成长，更让我明白“青年服务国家”背后的责任，希望在未来的日子里我们也能为赣南的发展贡献一份北理学子的力量。

我眼中的红色赣南

一、人民共和国从这里走来

离开赣州的那天暴雨倾盆，从车窗向外望去，隐约看见赣州城古老的城墙伫立在远方，两千多年来无论潮起潮落、风云变幻，它都一直静静地守候着这片土地，在我眼里它的历史就是赣南这片土地的记忆，而这段记忆里最无法磨灭的一段一定是红色的。

赣南，简称“虔”，我们更为熟知的名称是赣州，赣州市是江西省面积最大、人口和下辖县市最多的地级市，全市地形以山地、丘陵为主，形成了溪水密布、河流纵横的水系分布，其中赣南山区更是东江和赣江发源地。在革命年代，赣南复杂的地形、水文条件和以农耕为主的经济模式为斗争提供了有利条件，在艰苦卓绝的斗争过程中，涌现出无数伟大的革命前辈，更孕育了中国历史上第一个苏维埃政权。

当时，赣南成了革命青年们向往的地区，而随着社会的发展，贫困却成了这里挥之不去的符号。在东江的两头呈现着中国经济社会发展两极的典型样本，一头是富庶发达的珠三角，另一头是梦想突破贫困落后的赣南苏区。近年来，《国务院关于支持赣南等原中央苏区振兴发展的若干意见》《红色文化发展规划》等文件的相继出台，加快了赣南革命老区利用红色文化资源助推经济发展的速度和力度，以瑞金为例，其围绕打造“红色文化之都”，持续加大对革命遗址的保护和开发力度，新建一苏大会展览馆、中华苏维埃纪念园景区等10余处红色主题新景观，吸引了全国各地前来参观、接受革命传统教育的众多游人，红色旅游产业逐渐发展成为该市经济发展中最具活力的支柱产业。

如今，不单单是瑞金，越来越多的赣南苏区正发挥着红色文化强大的生命力，实现着经济的转型和发展，吸引着越来越多的人走进历史，感受那段艰苦卓绝斗争的革命岁月，这对于我们青年学子更是具有特别的意义，因为只有真正了解历史，才能在不断变换的社会中坚定自己的理想信念，成为时代的弄潮儿，我想这就是我们此次江西科考最有意义的方面之一。

二、吃水不忘挖井人

科考队的第一站是红色故都——瑞金。抵达之时已近傍晚，当走出火车站，映入眼帘的是一朵朵被夕阳余晖染成金色的云，这便使瑞金这个词一下子在心中鲜活起来。不曾想，后来几日的科考更使瑞金深深地印在了我成长的轨迹中。

在导游的带领下，我们走进了叶坪革命遗址。叶坪既是中国第一个全国性红色政权即中华苏维埃共和国临时中央政府的诞生地，又是中共苏区中央局和临时中央政府机关在瑞金的第一个驻地，遗址区内的毛泽东故居、红军检阅台、红军战士纪念塔在经历了岁月洗礼后仍静静伫立。我们一边参观学习一边开展着问卷调查，向游人们询问着关于红色遗址保护和红色精神传承的看法。本以为这会是一项枯燥又艰难的工作，没想到却给了我不少的启迪。

我手拿问卷，四处张望，寻找着可能的采访对象，因为自己的犹豫不决，总是难以迈出第一步。最终选定了一位老奶奶，我想老人家应该是不会拒绝的吧，便鼓足了勇气上前与她交谈。结果老奶奶说了一通我半懂不懂的普通话，大概是看我还不死心，便对我连连摆手，我赶快表明自己的身份——北京理工大学的学生，老奶奶便同意了我的采访，我想这便是“北京理工大学”的魅力所在吧。在和老奶奶的交谈中，了解到她来自广州，这次瑞金之行是独自一人，因而如此谨慎。谈到这个红色故都，老奶奶的话一下子就变多了，她说，小时候在书本里读到了瑞金，心中总想着来看看，现在来了也算是圆了心中的一个愿望。当老奶奶说“现在的年轻人对这些都不感兴趣，连吃水不忘挖井人都不晓得”的时候，语气中透露着一丝无奈，却也发人深省：思想根植于文化，文化又来源于生活，如果生活中都没有了解文化的兴趣，又如何去接纳这种文化，又怎样去树立正确的价值观呢？那又是什么原因让年轻一代失去了对红色文化的兴趣呢？

远远望去，一座子弹似的高塔耸立在眼前，塔的基座的形状仿佛是一个

图18　队员在红井前合照

五角星，这就是红军烈士纪念塔。在这里我遇到了一位叔叔，在采访过程中，我注意到这位叔叔是一位党员，在他看来，学习红色文化就应该把书本同参观结合，把读到的和看到的联系在一起，这样才能更好地引发年轻人对红色历史和红色文化的兴趣，与此同时对红色遗址的保护修缮应该持修旧如旧的理念，更好地还原当时的环境，使参观者对当时斗争的艰苦条件更加感同身受。叔叔的话给了我很大启发，关于这份文化和精神的传承我们要做的还有很多。游人中还有一群身着八路军军装的小孩子们，排头的一个小孩子正耷拉着脑袋，低着头听着身前的教官训话，“当年红军条件这么艰难，要是天天叫苦喊累，那还闹什么革命。今天我们来这里参观，学习的就是红军不怕苦不怕累的精神，我们先在这里站军姿，站到你们不嫌晒不嫌累了再进去，听清楚没有？”听完这番话，不由地对这位教官心生敬意，我觉得这种历练对如今从小就生活在温室里的孩子们来说是一种很好的成长方式。

记得小学时学过“吃水不忘挖井人”的故事，此次科考我们就真的见到了这口在毛泽东同志带领下为当地群众挖的井——红井。在红井景区，我有幸遇到了两位来自台湾地区的叔叔和阿姨。叔叔说他们虽然长在台湾，但父亲却是内战时期迁往台湾的军官，现在家中还保存着父亲黄埔军校的毕业证。这让我一时间想起来《亮剑》里楚云飞离开大陆时的那幅画面：门外停着发动的汽车，院子里是等待的士兵，楚云飞轻轻地将院子树下的一捧土装进一个精致的袋子，随即叹了长长的一口气，然后便转身离开。我想当初每一个离开的人或许都感受过这其中的悲凉吧，因而对今天的海峡两岸人民来说，我们真的就是血脉相连的一家人。在交流中，我发现他们对两岸的历史都了解，因而红色文化对于他们来说有一种特别的魅力，就像这口井，它的深处蕴藏的不仅是甘甜的井水，更是共产党一心为民的执政理念，我想这也是他们前来此处参观的重要原因之一吧。

在瑞金参观的遗址，走过的老路，采访的人，给我最直观的感受就是，红色文化真的可以如此鲜活得展现在你的面前，将两颗陌生的心灵连在一起，一同分享着各自感悟。我想这就是红色文化的力量，也是我们每一个青年学子必须将这种文化传承下去的原因吧。

三、没有调查就没有发言权

来到寻乌调查纪念馆，走进毛泽东同志的故居，昏暗的屋子里一张长长的木桌引起了我的注意，当年毛主席就坐在这里和当地的群众展开着讨论，他从来都只坐在下席，然而传统上来说这却是一张桌子中地位最低的位子。凭借着这股不耻下问的精神，毛主席在地处赣闽粤三省交界的寻乌完成了一次详细的社会调查，对这里的农业、手工业、商业等方面都有了详尽的了解，更重要的是在此次调查中还提出了“没有调查就没有发言权”的论断，并留下了《反对本本主义》和《寻乌调查》这两篇著作，为日后“实践是检验真理的唯一标准”这一理论的形成打下了基础。

纪念馆里一张张泛黄的调查表格、一盏盏马灯，还有被翻译成数十种语言的《反对本本主义》，都向我们展示着这次实践的伟大，更启示着前来社会实践的我们：只有走入基层，我们才能得到调查的第一手资料；只有走进历史，我们才能明白课本上短短的一句“农村包围城市，武装夺取政权”背后是多少次的尝试和失败；只有看清过去和现在，我们才能真正坚定自己的信念和梦想。

在赣南这片红色的土地上，随着红色旅游业的不断繁荣，红色文化的对外传播也得到了空前的发展，红色旅游逐渐发展为一种流行的旅游方式，越来越多的家长愿意带领自己的孩子走进瑞金，走进寻乌，去感受文化背后的红色精神。如今的红色旅游文化正朝着世界舞台一步一步迈进，这是赣南人的梦想，更是每一个中国人为之奋斗的目标。

回望这走过的一路，我感受到的不仅是红色文化的魅力，更看到了红色旅游给当地带来的变化和发展。感谢科考，让我收获了这段红色的记忆；感恩这片红色的土地，给予我成长，更让我明白“青年服务国家”背后的责任，希望在未来的日子里我们也能为赣南的发展贡献一份北理学子的力量。

图19　江西队队员，赵亮

北京理工大学宇航学院，2016级航空航天类专业本科生

队内工作：摄影师，负责科考全程的拍摄工作，提供新闻稿推送照片素材，制作后期宣传视频。

个人感悟：江西的天，触手可及；江西的地，绵延起伏。科考一行人，怀揣着一颗严谨、认真的科考之心，远赴赣州，感受自然，感受科学，感受人间的真情。七天虽短，却足以再现大半个赣州；距离虽遥，却挡不住对赣州的回忆。

不忘初心，砥砺前行

本次江西科考，我负责的课题为《国内外柑橘黄龙病防治方法的研究和对比》。

正式展开科考之前，我们的最终行动方案为：前往江西赣州市及几个柑橘种植大县，走访调查当地对柑橘黄龙病的防治，主要调查方式包括：访谈果业局等相关负责柑橘种植产业的机关，从宏观角度获取赣州地区柑橘黄龙病的危害情况及近年来政府组织开展的黄龙病防控工作；实地考察柑橘种植园，通过和果农及工程师的交流进一步了解江西是如何防治柑橘黄龙病的；总结江西黄龙病的防控情况。

随后通过查阅中国知网等网站，了解国外柑橘黄龙病的防控情况（比如美国的佛罗里达州），通过国内外柑橘黄龙病防治方法的对比，以撰写论文的方

式作总结报告，并向赣州相关负责部门提出建设性建议，进一步优化柑橘黄龙病的防控措施，提高防控效果，以减少黄龙病对国内柑橘产业造成的损失。

正式科考于7月11日开始。

7月11日，科考队经过出发前最后的会议，于下午5时左右乘坐动车前往江西赣州市瑞金。

生态科考队一行人虽来自四个不同学院，但怀揣着同样的科考精神，共同奔赴江西。

列车一路向南，将我熟悉并生活了19年的天高云淡的北方甩在了身后，越过黄河，跨过长江，转而迈向郁郁葱葱的中国南方。我们在7月12日下午6时抵达瑞金——红色故都。瑞金的气候给我的感觉是与北京差异不大，但这里多山地、丘陵的地貌确实令我这个北方人大为赞叹。

12日当晚入住瑞金市的如家酒店，吃完饭还没多久两位带队老师就召开了科考行的第一次例会，此后，紧张忙碌的科考工作也随之展开。

一、科考第一天：红都探访

7月13号上午，一行人参观考察了叶坪红色景区、中央革命根据地历史博物馆 、红井景区等瑞金红色纪念地。“红色”的住址，“红色”的讲解员，“红色”的气氛深深打动了身处和平年代的我们。纵使我们与那些战火纷飞的时代相隔甚远，但缅怀先烈、传承红色革命精神的道路是不会停息的。

下午，一行人于会昌县西江镇石门村进行了走访调查。两位指导老师带领队员对村支书进行了访谈。

我们提出的问题包括精准扶贫、柑橘黄龙病的检测以及防治方法，宋书记一一为我们耐心解答。第一次与政府部门接触，他们给我留下了认真、热情、耐心、严谨的印象。这些情况，只有经过实地考察才能了解到，单纯地守在首都大学的校园里是感受不到也不会明白的。

随后科考队前往该村的柑橘种植地进行实地考察。

这是我们科考队队员自立题以来第一次亲身接触到我们所要研究的柑橘树。果园不大，却也承载着像果园主一样很多赣州柑橘果农的希望。

此次瑞金会昌县西江镇石门村的考察活动结束之后，我完成了所负责的课题的第一项任务：了解瑞金地区柑橘黄龙病的防治。

了解到的情况如下：

（1）主要检测措施：县果业局派专家定期来到种植园进行检测，一经确认为患病植株则立即进行砍除。

（2）防治方法：喷洒农药用于防治木虱。喷洒时间段：每年2月—8月月底。

（3）存在问题：近年来气候反常，冬天温度不至于冻死木虱，导致木虱数量没有明显减少；喷洒的农药只局限于柑橘树上的木虱，对于草丛间的木虱很难起到作用。

二、科考第二天：赣南科考

7月14日上午，我所在的队伍前往赣州市政府大楼，依次走访农粮局、教育局、水利局和林业局油茶办公室。这一天是我与政府机关接触最多的一天，他们的热情使我有些措手不及，也使我坚定要努力完成课题、不辜负领导厚望的信念。

下午前往气象局进行访谈。

傍晚在章江大桥、武龙大桥等地进行水样的采集。在此之前，我对水样采集的了解仅仅停留在课本的理论知识上，而目睹并参与操作完成采集任务，才算是对这些技能真正地掌握了。

本日完成了我所负责的课题的第二项任务：了解赣州市整体柑橘黄龙病的防治情况。

灾害情况：赣州2012年开始发生黄龙病，其中2013年、2014年为黄龙病严重时期，2015年之后因采取防控措施，染病率明显减弱。4年来共砍除4 100万株染病植株。

防治措施：

（1）通过对果农的培训和田间指导，加强果农对黄龙病的认识和防范。

（2）组织专家前往柑橘种植园进行逐株普查，一经发现，先杀木虱，后砍除染病植株。

（3）采取联防联控机制。即统一时间，统一喷药，药剂两两组合以减弱抗药性。喷药时间有5个：春梢、夏梢、秋梢、晚秋梢及冬季清园时期。

（4）培育无毒苗木。严格培育无毒苗木，控制市场，销毁商贩销售的柑橘苗木以保证产业安全。

（5）恢复措施。将连片的果园分隔成若干块，种植以沙树为主的防护林，林宽6～20米，防止木虱扩散。

三、科考第三天：奔赴安远

7月15日上午，科考队前往安远县果业局，与魏站长就柑橘黄龙病防治情况进行访谈。访谈期间，魏站长为我们介绍了黄龙病给安远县带来的损失，当地对黄龙病的防治措施。魏站长为人朴实，从他的话语中能感受到他对工作的认真态度。之后的王品农业科技有限公司的参观，也使科考队员们亲眼看到了无毒苗木的培育和那一株抗性株。

下午的三百山参观终于能让我们在紧张的科考工作中有了一次休息游览的机会。

今日的科考工作我完成了所负责的课题的第三项任务：调查安远县的黄龙病防治情况。

相比从赣州市政府那里得到的信息，安远县给我们展示了具体措施是如何在果园田间一步步实施的。

站长也如实说明了目前仍然存在的诸多问题，正是这些问题，促进了我的课题的进一步完成。

四、科考第四天：探访寻乌

7月16日一整天，我们在寻乌县领导的带领下，先后参观了寻乌县的几个著名柑橘果园基地，并到访东江源村了解水质情况。寻乌县应对柑橘黄龙病的积极措施令人鼓舞，他们也毫不回避，一一为我们介绍他们的防治方法和成果。县领导的热情接待、果园主的大方、工程师的严谨，让我对这片土地上的人们产生了深深的敬意。

参观的同时也不忘认真地记录领导们的介绍，包括大棚建设的成本与回报、化学用药情况等。

五、科考第五天：探访寻乌

7月17日依旧是在寻乌进行科考。上午随老师和院长参观了毛泽东同志在寻乌调查时的纪念馆。讲解员深情的讲述，坚定了我对科考调查之必要的信念。

下午前往寻乌县的国家级贫困村：古坑村。镇长与村支书给我们再现了这座村庄从贫困走向脱贫致富的历程。作为产业转型的成功案例，葡萄种植基地、蔬菜种植基地充分展示了这片土地上的客家人们面对贫困不屈不挠的精神和智慧，忙碌了几天的科考队员们也忍不住采摘起葡萄解解馋。

六、科考第六天：再见江西

连续多日的紧张工作即将结束，科考队员们在最后的几次水样采集工作完成后启程前往赣州市。

在赣州，我们与随行6日并且帮我们解决了诸多餐饮问题的司机罗师傅合影告别。虽然以后可能无缘再见罗师傅，但他身上所表现出的赣州人民的人情味与朴实善良的民风，深深地打动了我们每一位队员。

下午6时，我们启程返京，再见江西！

此次江西之行，先后在瑞金、赣州、安远、寻乌四地调查了中国柑橘最大种植地对黄龙病的防控情况，得到的4项调查结果已经可以初步整理出中国对黄龙病的主流防治方法，加之与国外防治方法的对比，定能“裨补阙漏”，为中国黄龙病的防治献出微薄之力，不负此次江西之行！

江西人们淳朴的民风，工程师们认真的研究态度，领导们热情的工作作风将永远激励着这支江西科考队的每一位队员，在以后的科研工作中不忘初心，砥砺前行。

图20　江西队队员，赵天扬

北京理工大学生命学院，2016级生物医学工程本科生

队内工作： 负责科考团队的物资准备工作，每日收集和发放所需物资，提醒队员的实验进度。

个人感悟： 犹记得科考的那几日，碧空如洗，阳光正好，云卷云舒间我们欢笑着前进，认真地实验，充满激情地感受生活，仔细严谨地思考问题。在科考的这段时间里，伴随着团队围绕江西地区柑橘种植及黄龙病的防控问题的考察与研究，我们深刻体会到了主要经济作物对于当地发展的重要性，也从实际生产中感受到了科技对于生活的推动性，当然，在此次行程中，江西人民的热情淳朴也着实让人感到温暖，使这次科考变得更加完整。

从实验到实践，从科学到生活
——赴江西生态科考感悟

从队员筛选到团队的确立，从课题选取到最终的敲定，从一次又一次的准备到整装待发，从一天又一天的实践到结果的整理，整个过程无疑是极其充实的。在这段时间里，我们之间从陌生到熟悉，从拘谨到放恣，彼此的情谊十分珍贵，值得珍惜。当然，在这次的科考活动中给我感触很多的不光是团队间的情谊，科学与生活的差距与联系更是给我很大的触动，也正是这次的科考让我真正认识到从实验到实践，从科学到生活的不易。

这次的科考，我主要围绕江西赣南地区柑橘种植问题中的黄龙病进行相关的调查和实验研究。柑橘作为当地的主要经济作物自然也是这个地区的主要经济来源，早些年因为柑橘的发展给赣南地区带来了巨大的变化，好多家庭和地区随之富裕起来，然而近几年，黄龙病的爆发却也给极大依靠柑橘种植的赣南地区以沉痛的打击。不仅果农经济损失巨大，而且更复杂的是依靠现在的农业科技水平，对于黄龙病，我们所能做到的最多也只能是防控，而要做到防治，再将其应用于实际的农业生产中着实困难。

在这次的调查中，我们通过与各种对象进行访谈调查也从各个方面尽量全面地对柑橘的发病情况、发展现状与未来计划有了了解，而在与不同的对象的访谈中我真切地感受到了科学同生活的距离以及两者间密不可分的关系。

最开始，我们一行人对于柑橘、黄龙病的认识基本都是通过网上的资料和相关文献，甚至我们其中的绝大部分人，包括我，在这之前连柑橘树都没有见过，更不用说是黄龙病树和柑橘木虱了。所以当我们真正地走进生活，走进农田时，感觉还是很奇妙的，既有一丝丝因理想与现实的差距而导致的失落感，也有第一次见这些未知事物的好奇感。在果园里，我们访问了当时正在忙农活的两位农民，他们很积极地回答了我们的问题，但是从回答之中我们也发现了更多问题。我们最初的想法是希望从科学的角度来给当地的柑橘种植业提出相关建议，然而，这件事情放在农民的眼中却似乎都有些不切实际。举个例子，施肥需要考虑肥料的施用时间、施用次数、施用方式、肥料的种类、肥料各种成分的具体配比以及施用后的植物生长效果等，然而，农民伯伯们却只知道这些肥料是直接买来的，根据经验大致地在一些时间内使用肥料，他们甚至连肥料的具体名称也不知道。不仅如此，在之后同管理层的访谈中，我们了解到农民们在前些年中可能连黄龙病都无法分辨清楚，或许仅仅只是把病树当作是黄化树来处理，而柑橘的收成可能是他们唯一的经济来源，所以不到万不得已，果农们自是不会砍掉这些树的，更不愿配合统一的管理，这也就在一定程度上导致了黄龙病的大爆发，我们不得不直视真正实现科学务农的困难性。可喜的是，现在在政府的领导下，农民们对于黄龙病的认识逐步完善，柑橘黄龙病得到了很好的治理。

当然对于科学与生活之间的距离不仅仅是从农民伯伯这边所感受到的，另一次比较沉重的冲击是在去江西赣南柑橘研究所的柑橘研究基地进行访问时受到的。研究基地的几位负责人无论在科学研究方面还是在实际应用中做得都是极好的，对我们的课题研究也表示很支持，但是他们问我们的一些问题也着实让我们措手不及。我们的实验研究虽然是针对柑橘的黄龙病，却只能基于实验室来进行进一步研究，而再从实验室到实际生产中的应用却又是相距甚远，就好比我们所提出的叶片喷洒治疗的想法，或许有效但是那么多的叶片又是否真的可行呢？不仅如此，从他们从事这么多年的研究来看，这项课题的复杂和困难程度远远超出了我们的预期，与此同时，他们也提醒我们不仅要考虑防治这种疾病，更需要考虑更多在投入与产出、适用范围以及对于环境、对于其他植物在生态上会否造成危害等各个方面。确实，我们身为大学生在思考这些问题的时候不会太多考虑成本或者更实际却又不可回避的问题。简单来说，单单从成本二字来谈便已有了很多的限制，从前期的研究经费到药物开发或是其他方法的具体应用，再将这些转到农民的手中这一层层的成本算下来的确对最后的收益会有很大程度的影响。谈到这里，也确实从心底里庆幸有学校在背后作支撑是多么幸运，也体会到了学校在科研的支持上所做的付出。

虽然我们这一帮从实验室里走出来想要做研究的孩子们的想法有时在农民伯伯看来似乎不切实际，但是他们对我们的支持却是由衷的。他们欣赏我们能够走进农田、服务生活的态度，他们支持我们用科学解决问题的想法，他们愿意牺牲一些务农时间为我们做一些尽量全面的介绍，他们热情地介绍着前些年柑橘给他们带来的可观收益和巨大变化，他们吐露着因为黄龙病爆发带来的巨大损失的心酸，从他们口中我们了解到最真实的需求和最迫切的需要，也从他们身上感受到当地居民最淳朴真实的乡村生活。

在这次的行程中也一定要对当地的政府和相关部门表示感谢，他们对我们热情的招待和积极的配合是对我们最大的鼓舞和支持。

回顾全程更忘不了的是和大家一同晒着太阳，一同欣然前行的日子。江西的蓝天和白云简直美得让人沉醉，让人实在忍不住在大饱眼福之后赶紧用相机记录下来这天赐的美景，南方的雨总是随着一朵朵乌云说来就来，说走就走，但也正是这愿意同大家开玩笑的小雨给这段行程增添了许多不同的色彩。取过水样后大雨突然到来，我们跑着，笑着，撑着一把伞庆幸刚好在雨来之前取到了宝贵的水样；雨后有些打滑的街道上，一不小心掉进坑中的车子并没有消磨我们的激情，反倒让我们兴奋起来，大家一起冒着雨喊着口号推车的那一幕我想我不会忘记，大家也不会忘记，推出车后大家兴奋地大笑，听着是那样开怀。而最美好的是那雨后掠过的一道彩虹，它象征着美好，象征着梦想，慰藉着略感疲惫的身心，愉悦着偶尔压抑的心灵，一切都是那样的美好和幸福。

这次的实践并不算轻松，但是老师在每一段的陪伴中，都给我们树立了最伟大的榜样，无论是怎样的任务，老师们一直都冲在最前面，当我们还在拿着铲子取土样的时候，老师已经拿手捧出了那些在我们看来很脏的东西；当我们还在感叹路好险的时候，老师已经跑下了山。我们不得不承认我们有吃不得苦的坏毛病，也不得不佩服走在最前面的两位老师。

在这次的科考中，我们有过欢笑，也有过疲惫；我们有过亲身的具体实践，也有过深刻的思想洗礼；我们有过懈怠，但我们还是积极地做着每一项任务；我们有过付出，但我们从中收获了更多。这次的科考收获了友谊，收获了一份份研究的资料，收获了一次“实践就是解决问题”的思想教育，收获了从科学到生活的更多思考和发掘。

感谢此次科考，让我收获，让我成长。

2.2 生态科考山西队队员科考感悟

图21　山西队队长，童薪宇

北京理工大学生命学院，2015级生物医学工程专业本科生

队内工作：山西队队长，统筹管理各项科考、行程规划，新闻宣传等。

个人感悟：纸上得来终觉浅，绝知此事要躬行。科考带给我们将所学转化为所用的机会，实践方能出真知，在一系列遇到问题、解决问题的过程中，寻找走入社会、调查基层的方法，我们收获到的远比数据结果、调研报告多得多。

老有所养，病有所医，情系方山
——2017年赴山西省方山县科考感悟

“故人不独亲其亲，不独子其子，使老有所终，壮有所用，幼有所长，矜、寡、孤、独、废疾者皆有所养，男有分，女有归。”这是《礼记》中对于大同世界的描述。在老龄化问题日趋严重的形势下，老年人养老、就医等问题得到社会的高度重视。在精准扶贫背景下，如何解决农村老龄化问题，如何让农村老年人养老有保障、看病有钱治，如何减少因病致贫、因老致贫的人口数量，成为我本次在山西省方山县科考调研的重点。

一、初至方山，问题凸显

初至方山，映入眼帘的是漫天遍野的黄土地。沟壑纵横中，单一化种植的玉米是当地主要的经济作物，水土条件的匮乏导致当地农业基础薄弱，靠天吃饭的百姓难以从中获得较大的利润收益。于是，年轻人背井离乡，留下老人小孩，甚至只剩下老人相依为命。到达桥沟村的第一天，给我们印象最深的就是傍晚时分蹲坐在村口的老人们，边端着面边聊着家长里短。

村落里大多数人家都关门闭户，几乎很难看到中青年的身影，偶有几个孩童在嬉闹，为村落带来一丝丝生机。因为人口分布广、教育分布不均，大多数村落里都没有小学，孩子们需要到镇上、县里去获得更好的教育资源，如此往复循环，老龄化现象愈发严重。

即使政府为村里引进优良的种植技术，村里还是会因为缺乏劳动力而无法进行大规模种植，青年劳动力的缺失使蔬菜大棚、中草药种植等产业停留在政府导向型的发展初期阶段，老龄化已经成为当地难以脱贫的主要原因之一。

二、深入走访，养老先行

通过走访方山县人力资源与社会保障局，我们了解到目前方山县养老保险及医疗保险的实施政策及覆盖情况。脱贫亦要养老，即使是贫困户多、老年人口数目巨大，方山县养老保险依然能够达到百分之百全覆盖。政府尽可能全面地投入资金为当地老年居民筹资养老，从资金保障、制度完善、优惠补助等多方面推动养老制度的实施。相比完善的养老保险制度，方山县城镇居民医疗保险制度仍在发展改革之中，由于存在的疾病划分、类型明确等细节问题尚未解决，医疗保险还未能达到全覆盖。通过走访调研政府部门，我们看到的是方山县政府从上至下的改革决心。打好扶贫攻坚战，不仅仅是出现在村委会白墙上的大字，更是深入到政府部门每一名干部群众内心中的信念和决心。做人民的公仆，是县政府各部门对于全县扶贫政策的统一管理规

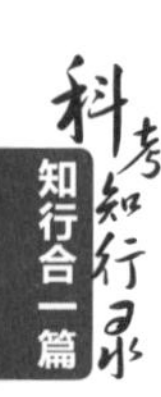

划，是对养老医疗保险制度的全面解读，是带动全民上下一心地参与到养老扶贫攻坚战中来的信心。面对全县众多老龄人口，政府细心地为老年人印发养老保险分等级的投入收获详细信息，让老百姓能够 目了然地感受到切切实实的补助和便利，当政策变得通俗易懂、数据变得清晰、百姓们自愿参保时，养老保险的全面覆盖也就能得以实现了。

在走访方山县各个典型村落的过程中，我们看到了桥沟村每家每户门口的红色对口扶贫牌，上面详细地标注出了贫困原因、补助项目及对应金额；每一位村干部都能像对自己的家人一样，对每一位村民的情况熟记在心，融入每一位村民实实在在的柴米油盐的生活中去。正如村委会告示栏中写到，要把贫困细致到每一户，一户一户减少。对村干部来说，其实精准扶贫的意义正是在于能够更加细致地了解每一户致贫原因并因地制宜，用更加有效的方法把扶贫的每一份人力物力都用到关键之处。同时我们也看到了所走访的每一位村干部，对本村家家户户的情况都了如指掌。老年居民数量大，留守比例大，长期患慢性病的人群不在少数，这是每一个村落都具有的特点。记得在新民村走访时，村支书介绍了在村里166户人口中，家中是留守空巢老人的占到79户，除去外出打工没有长期在家居住的青年人，村里的常住人口基本上都是老年人。而这些老年人大多数都患有疾病，用村支书的话来说，村里的老人病的病，残的残，生活质量得不到很好的保障。这是贫困农村的真实写照，也是村干部扶贫攻坚的无奈和辛酸。他们想脱贫，想致富，但他们没有足够的人力物力，老百姓难以团结到一起进行共同建设也是当地村干部棘手的问题之一。

扶贫发展，其目标仍是提高当地百姓的生活质量，让百姓脱贫，过上富足的小康生活。扶贫难，养老先，在农村老龄化人口众多的现实下，解决养老问题成为重中之重。在走访过程中我们发现，即使养老保险覆盖率达到100%，医疗保险覆盖率达到95%，亟需解决的仍是当地硬件服务设施和医疗服务人员方面的跟进补充以及村民们基本医疗卫生服务知识的缺乏。即使是在建设相对完善的方山县桥沟村，仍然没有配套完全的村卫生服务所，百姓看病仍需要到峪口镇或是圪洞镇卫生所，村落里缺乏相应的医疗条件，百姓看病难的问题仍然没有得到完美解决。医疗卫生知识的普及，健康生活方式的转变，百姓基本生活水平的提高可能还有很长的路要走。

三、扶贫攻坚，基层先锋

从群众中来，到群众中去，踏踏实实地为每一位百姓解决实实在在的事，是我们所看到的每一位村干部的共通点。在走访的过程中，我们感受到了杨家沟村村主任的热情和质朴，由于旧村搬迁、新村整合，我们在寻找杨家沟村的路上遇到了重重困难，虽然烈日当空，村主任依然站在村口前一直等待我们的到来；我们看到了刚从村里调解完村民纠纷的刘家庄村第一书记，厚厚的笔记本上记满了村里的民情民心，一笔一画都是对每一位百姓的关怀；庙底村村主任即使舍小家也要服务大家，在亏本投入建设养殖场后，又自掏腰包为村里修桥修路，不求自己的大富大贵，只希望每一位村民过上更好的生活；也接触到了淳朴的阳圪台村村主任，带领我们进山，亲自为我们寻找并采摘当地的野生药材作为课题样本。正是因为有了这些基层村干部的倾力支持，才使我们能够在屡屡碰壁、充满困难与挑战的科考路上收获颇丰。

点滴细节汇成力量的源泉，当太多人习以为常地享受着国家政府为我们创造的优质的物质条件之时，仍有这些质朴辛劳的基层干部脚踏实地地为百姓做实事、办好事。做基层干部很累，做一名合格的基层干部需要付出千万倍的心血，这是我在走访完后最深的感受。小到家长里短，大到跟进国家政府的扶贫政策，发展致富的每一步都需要基层干部细心的指引，这些便是坚持走好“最后一公里”的实际体现。

四、科考支教，砥砺前行

8天的科考行程很快就结束了，在这段时间里，我们在方山暑期学校进行了支教，在带孩子们感受山外世界的同时，也感受到了孩子们对于知识的渴望、对于世界和未来的迷茫。扶贫既是扶经济发展，也是扶教育创新。我们带来的知识有限，但希望带给当地学生的是对未来生活的积极态度和对学

习生活方式的正确引导，哪怕只是一个小小习惯的改变，都足以成为一次转折。从第一次走进教室的喧闹，到为他们讲尊重，讲人生，再到最后收到孩子们精心制作的小礼物，每一份付出都值得铭记。这是第一次接触支教，也是第一次接触科考，在这次充满辛苦又带来收获的行程中，从开始选择课题到通过查找新闻报道和论文资料、了解当地的扶贫政策与发展路线……每一步都是对未知领域的探索。在一次次修改课题提纲、调整课题切入方向后，队员们怀揣着对调研的信心来到方山。然而抵达方山之后，我们便遇到了最大的困难——沟通交流语言不通。村里的老年人大部分不会说普通话，甚至部分人听不懂普通话，这给调研带来了预料之外的困难。临时改变调研方向、调整行程路线，成了深夜的家常便饭。在来到方山之前，养老、扶贫离我们很远，而通过一次次接触课题、座谈访问，我们开始了解社会、感受改革、深入基层并进行相关的学习和探索。让每一位百姓老有所养，病有所医，科考让我们将这些停留在新闻里的专业术语变成我们面前切切实实感受到的生活体验。

从一个只会在象牙塔里为自己未来奋斗的大学生到走向社会、关心基层发展的科考队员，短短几天让我经历了从畏惧困难到承担责任，从享受安逸到体验人生百态的成长。来到方山之前，我不过是一个庸庸碌碌、满足于现状而迷茫的学生，当自己走上讲台，看到孩子们在泛黄的作业纸上工整地记着每一堂课的笔记，每一次提问后高举的小手，每一个认真专注的眼神，我感受到的是很久以来生活中缺少的对知识、对未来的渴望。每天清晨的早起，为取几份满意的土样或是水样跋涉一天，又一次次忙碌到凌晨，是从未有过的辛劳，却也是收获最多的经历。

五、情系方山，期待未来

科考已经完成，但扶贫攻坚的战役还远远没有结束。我们的调研学习可能只是了解社会、学习国家政策的一次机会，我们的调研报告对于当地的发展建设来说，可能也只是杯水车薪。但我们仍希望，一步步迈向社会的我们，能凭借自己的所学所见、群策群力，感恩这片带给我们成长、带给我们

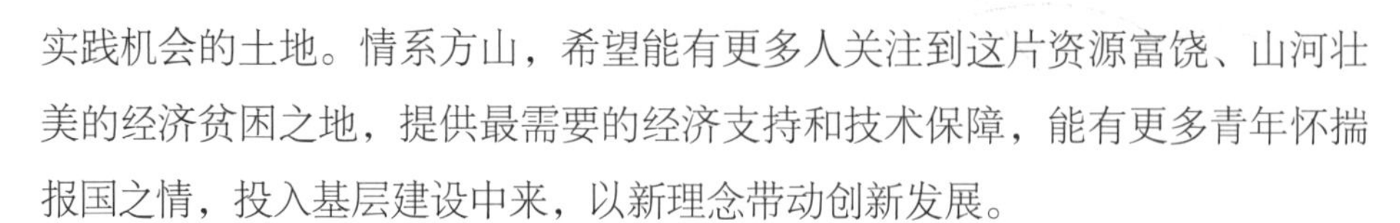

实践机会的土地。情系方山，希望能有更多人关注到这片资源富饶、山河壮美的经济贫困之地，提供最需要的经济支持和技术保障，能有更多青年怀揣报国之情，投入基层建设中来，以新理念带动创新发展。

我们和方山的每一位孩子、每一位百姓同样渴望、期待着将来某一天，方山能够走出贫困县的名单，村民能安居乐业，孩子们能在走出大山学习知识后回到家乡并成为建设家乡的栋梁。我们希望，我们的付出能换来方山的点滴进步，迎接脱贫攻坚的胜利——方山会更好。

图22　山西队副队长，沈睿

北京理工大学生命学院，2016级生物医学工程专业硕士生

队内工作：山西队副队长，分管科考财务、课题审核工作，参与新闻宣传审核等。

个人感悟：实践是检验真理的唯一标准。实践中获得的知识是课本无法替代的，坚持实事求是的作风，才能更好地用所学的知识服务于社会。科考是一段实践，是一段团结协作的经历，更是我们青年服务国家的一次历练。

农村教育行路难，教育扶贫在路上

自中华人民共和国成立至今，中国的城乡格局从无户口限制到按户口划分形成了城乡二元化的人口分布结构，同时中国的教育也经历过“文化大革命”、恢复高考、九年制义务教育等发展阶段。城乡问题和教育问题在改革的每一个阶段都是不容忽视的问题，并且与改革的其他版块都是息息相关、不可分割的。在习总书记提出五位一体的战略布局、两个一百年奋斗目标后，中国迈入了新的历史阶段并面临着新的改革与挑战。在听过北京大学周其仁老师的中国改革专题课程后，我对农村问题和体制改革问题产生了兴趣，于是带着城乡体制改革与教育体制改革方面的问题报名了生态科考队，随队来到了山西省吕梁市方山县进行支教与生态科考，以期对于两个体制改革在农村的开展情况有清晰的认识。

在参与山西省方山县生态科考队的过程中，我们所负责的不仅仅是学校承担的北理工方山暑期学校的支教任务，还有科考队应有的对当地生态环境考察的任务。这段时间的支教和科考，让我对于生活有了新的思考，同时也将课堂中所学的知识融会贯通，对国家的扶贫脱贫攻坚战略有了更清晰的认识。

一、暑期支教，感悟生活

在方山县桥沟村支教的两三天内，有很多画面深深地刻入了我的脑海中：初入桥沟村，村口聚着一群村民在大树下乘凉，脖子间挂着毛巾，摇着蒲扇拉家常，勾起我幼时在农村的回忆，同时让我感受到村民之间纯粹的关系和淳朴的民风；傍晚饭后去村头公共浴室洗澡途中，看见路边三个一群五个一堆的农民，蹲在墙边端着晚饭边唠嗑边吃饭，一切是那么安详和静谧……

这些农村的画面唤起我童年的回忆——村里邻居端着碗到处闲逛，到张家唠嗑吃几个菜再到李家拉拉家常，没有现代生活那么快的节奏，而是日出而作日落而归。作为从农村出来的孩子，我也曾经历过农村的土坯房、棚户房，想想现今的自己，缺少了一份从容与淡定，田园里的宁静已不再，有时会急于完成一件事而忽略了过程中的快乐。

在科考出发前，我们都对课程进行了准备，而实际的状况却让我们进行课程的调整——原以为是不同年级的混合班级而实际上是分年级进行教学，而且不论被安排到哪个年级的班级，每一组队员都要根据所在的年级对课程的讲授内容进行调整。实际上课过程中，我们也安排了队员轮流进行拍照，当我负责拍照时，有一个画面触动了我：当我的搭档在讲台上讲地震相关知识的时候，台下有一个小女孩儿的笔记本记完没空余的纸张了，便默默地拿出了餐巾纸开始在餐巾纸上继续写着。这一画面被我定格在相机中，事后当我跟队友们分享这一张图片时，我们都感慨，时光已经将我们打磨得没有最初那么勤奋了，这样一群贫困地区的孩子们在听我们非专业“老师”讲授的

课程时都这么认真专注，为何我们自己在平时的学习中无法做到？这种对知识的渴望已经不止一次地震撼到我们了，这一次的直接面对我想会使我内心更为感动，这种触动将在以后激励着我不能松懈，要不断地更加努力。

二、城乡体制与农村格局

周其仁老师的《城乡中国》（2007）一书曾指出，中华人民共和国成立初期对于是否限制迁徙自由产生了很大的分歧，但最后公布出的《宪法》中并没有特别指出“迁徙自由”，外加“一边倒”地学习苏联的模式，最后形成了中国独有的户籍制度与城乡分割的局面。在这样一种现实情况下，各地的城乡建设包括农村建设都在一定程度上受到了影响，这些影响在当地的产业、经济、劳动力等方面都有体现。

在实际走访方山县的过程中，队员们走访了从南至北的6个村，通过与当地村支书和村主任的交流知晓，当地的许多农户都是老人留守，年轻人或是外出打工或是为了孩子上学而外出。

有这样情况的家庭不仅在桥沟村有很多，在走访的新民村、庙底村都至少占了60%～70%，这对于农村的劳动力而言是一种流失。在这样一种情况下我们在实际走访中看见的解决方式是相同产业内，让更多的农户联合起来发展产业。例如杨家沟的村民们就将自己家里养的牛汇集起来进行村中集体管理畜牧，参与的农户轮流当值，在外有肉牛输出流通资源的人也尽自己所能让村子里养牛的农户一起享受集体经营带来的红利。这些年轻劳动力流失的村落除了联合起来发展产业外，靠天吃饭的农户种植业相对而言就更难以发展，农忙时的劳动力也都是50岁以上的农民。这样的情况对各地而言都是常见的，但此状况的发生究其原因都是由地区发展不平衡导致的，而这种不平衡最初是来自城镇体制的划分，各地区由于生产资源、物流交通等的限制，难以发展好本土的产业，当差距产生时，落后的地区会有劳动力自主地流动到发达地区以获得体面的薪资用于满足家庭的生活支出。同时，落后地区的产业因为劳动力的流失而更加不好发展，这就形成了一种恶性循环。除此以外，社会中的外来务工人员由于城市之间、城镇之间的体制限制、户口限制，在新的城市中很难获得归属感，且子女的教育读书在新的环境中会受到户口等客观条件的限制。当我们问及村支书们村子里常住人口的时候，他们总会说一句“平常在家的人口不足过年时候的60%”。就目前的地区发展情况来看，方山县整个地区的村落地界明显、教育合并、管理分离、功能区分散，并且农村和县城的户口存在着明显的差异。这种地区、城镇间体制格局的限制，对于农村务工人员的长远发展以及贫困村的发展是不利的。也正是由于这种差异性，造成了当地教育资源的匮乏、教育水平的落后。

三、教育现状与改革局面

图23　学生认真听老师讲戏曲

众所周知，教育对于一个地区甚至是一个国家而言是举足轻重的。一个国家在未来几十年是否能引领时代潮流也得依靠教育去培育下一代的精英，且时代的科技水平也会因下一代受到的教育水平的层次而不同。本次在山西方山县支教科考中，我的调研内容是教育扶贫在当地的实际开展情况。

经过与方山县教育局的现场访谈，我们了解到了方山县教育的基本情况：整个方山县义务教育阶段的覆盖率达到99%以上，全县义务教育水平下的教师资源存在年龄结构的断层和学科结构的不匹配。从县教育局得到的数据来看，贫困县的实际教育支持从人力资源角度看是有缺口的，这种缺口对于当地的孩子的教育来说影响很大。回想我小学的时候，全校的主课程语文、数学、外语有单独的师资配备，而音乐、体育、劳技、思想品德、自然等课程的任课老师都是由主课老师兼任。这对于当时的我而言，小学课程给我的印象就是除了主课程还是主

课程，同时许多应该在小学阶段给予学生启迪的课外活动都被以各种理由屏蔽在外，我们的心中只是被灌输了学好主课才有未来的思想。那么，对于现在的方山县孩子而言，出现师资和学科不匹配的情况意味着他们也将和我当年一样会在心里留下那样的印象，并且在相应的年龄阶段无法得到应有的教育支持。

鉴于这样的情况，我们科考队员与当地教育局的一致想法是呼吁更多的年轻教师能够投身到贫困县的教育中去，同时也希望山西本地走出去念大学或是有所成就的人能够为方山县的教育投入自己的力量，可以是自己投身当地的教育也可以是设立资金为当地引入的教师提供相应的补助。从改革的层面来说，改革开放以来，先富起来的地区已经逐步和国际接轨，那在这改革的关键时期，这些地区需要伸出援助之手帮助贫困地区实现脱贫，在国家的带领下打好扶贫脱贫的攻坚战。

四、结语

城镇的体制规划与改革在中国目前的发展阶段来看是一场持久战，而且其中所涉及的教育问题和习总书记提出的扶贫脱贫攻坚战的任务是当前的重中之重且是能在一定时期内实现的。经过山西省方山县的支教科考，我们看到了在政府的支持下当地农户不断地发展本土产业以及新兴产业以求脱贫的信心，但光靠政府的力量和当地农户的力量还是不够的，还需要社会中更多的人士和精英投身到扶贫脱贫的建设中去，尤其是教育扶贫这方面，我国的教育状况还有待继续改善，这需要我们大家的努力而不是几个人就能完成的。相信在所有人的努力之下，方山会更美好！

图24　山西队队员，李祎祎

北京理工大学生命学院，2015级生物技术专业本科生

队内工作：新闻宣传中的摄影及推送。

个人感悟：使人成长的并非岁月，而是经历。而参加方山暑期科考实践的我们，也正是因为这些经历，收获成长，砥砺前行。

感谢经历，体验成长

7月15日，我们生态科考山西队离开北京，前往山西省吕梁市方山县展开本次暑期科考实践。在为期7天的实践中，我有了许多不曾体验过的经历，正如人们所说："使人成长的并非岁月，而是经历"。这次科考的经历弥足珍贵。

一、坚定目标，砥砺前行

来到方山暑期学校支教，本以为我是为学生传道授业解惑的人。但几天之后我明白，我才是这里的学生。这些纯粹的孩子使我意识到长期以来我缺失了最重要的东西——目标。

在大学度过的这两年时光，我一直在做着好看的表面功夫。进入大学后，我生怕与别人落下差距，每天亦步亦趋，紧跟别人的步伐往前走，总担心被别人甩出很远，所以我和大家一样忙作业、忙考试、忙论文，只顾同别

人一样在相同的时间做相同的事。在紧张忙碌中，我的大学生活似乎过得很充实。于是我也就不曾静下心来想：我究竟想要什么、想做什么。在第一年，这样的做法并没有显现出太大的弊端，我暗自窃喜，却不知是侥幸。直到第二年，仿佛突然间同学们都有了各自要做的事。他们或是参加各项竞赛，即使周末也忙着做实验；或是争取各种出国留学的机会，在课余时间学习英语或俄语。我突然不知所措起来，好像一团迷雾笼罩在眼前，找不到前进的方向。

大学的安逸改变了我的心境，突如其来的迷失让我焦虑不安，却始终不曾深究过症结何在。直到在方山的这几天，我才从学生们的身上明白了我的问题：长久以来我迷失了自我，失去了前进的目标。在方山县实践的这几天，我看到：方山县政府以“十三五”规划为目标，方山县各级部门以切实落实这个宏伟目标而努力细致地开展工作，我们在走访村镇时能感受到村干部身上为实现脱贫目标而扑下身子真抓实干的满腔热情。尤其值得一提的是，暑期学校里这些纯真的孩子，每个人都有自己的目标。小到期望课上因表现良好而得到奖励；大到考上理想大学，拥有理想的职业，让父母过上好日子。或大或小，他们都在为之努力着。一次在高中班上课时，近3个小时的学习让他们有些疲劳，但当我提及自己高三的一些经验后，他们又开始认认真真地学习起来；又有一次在小学班上课，在被问及日后的理想时他们说道：“好好学习，让父母过上好日子。”从学生们的眼神中，我看到了他们对实现自己目标的渴望，而他们也确实做到了为了实现这些目标而努力学习。

过去的那些年里，考上理想的大学是我的目标，然而实现了这个目标之后，我却忘了设立一个新的目标。我每天忙忙碌碌却又碌碌无为。支教的经历让我明白：不曾坚定目标，何来砥砺前行。

二、不畏困难，脚踏实地

前两天翻看了暑期科考实践的照片，队员们无一例外的都黑了几个度，回到北京的最后一张合照也显露出每个人的疲惫。科考实践短短的7天时间，队员们不仅需要完成支教任务，也需要保证各自的科考任务顺利进行，更别提克服社科、自科的研究进展过程中存在着的各种困难，行程安排十分紧张。

因我的课题与方山县农地、林地的土壤状况有关，所以需要采集方山县具有代表性的相关土壤，并检测其pH、COD、总氮等指标，以及利用微生物快速检测试纸对土壤中的微生物总数进行测定。农地土壤的采集点分布在方山县北部、中部、南部，林地土壤则取自庞泉沟自然保护区和北武当山，因此在支教之余，我需要前往这些地点采集土样。

在采集土样的过程中遇到了很多困难：常常会在一天最热的时候前往不同村镇，深入农田挖土取样；因为时间紧凑在路边的商店买面包当作午饭草草吃掉，然后匆匆赶往下一个村镇，路上只能做短暂休息；为防蚊虫叮咬，在三十多度的夏天出行只能穿长裤；遇到坡路难走易滑甚至需要手脚并用。在检测土壤的过程中，时间紧是最大的困难。因需要通过测量溶解土壤的水样测量土壤指标，所以当天采集的土壤不能立刻检测，而需溶解静置，于第二天早饭后至支教或外出调研前的不超过两小时的时间段内完成检测工作。

困难是不可避免的，但方山县人不畏困难，积极克服。方山县的各个部门坚定不移地打着脱贫攻坚战。在走访过程中，我遇到了许多努力克服困难的基层村干部：杨家沟村的村主任，即使面临着劳动力大量流失的现状也坚持将现有村民团结起来发展农业、畜牧业；刘家庄村的第一书记，因为刚上任还没有全面了解村子的发展现状，担心因此影响村子的脱贫而做了厚厚的一本笔记；阳圪台村的村主任，因常带领村民采摘中草药，而在陡峭难行的林间练就了轻松行走的本领。他们克服困难的精神感召着我毅然前行！

人不可能永远一帆风顺，搞科研更不可能一蹴而就。正是因为出现了困难，人才会逼着自己想办法。正如过去这一年我参加的关于良乡饮用水钙镁离子含量的校级大创，初期便遇到了困难：部分设备或昂贵或大型我们没办法买到，导致预想的方法难以开展。组内成员都担心课题会夭折，但在老师的指导和大家的数次讨论后协商出了新的测定办法，使实验继续进行下去，保证了课题的顺利进行。也是因为成功克服了第一个困难，之后的实验过程

中当我们再次面临困难时也能坦然面对，找到新的解决办法。

科研实验还需脚踏实地地工作。土壤的采集和检测实际上很简单，但中间的任何一个步骤没有脚踏实地地做，都有可能造成最后数据的不准确甚至错误。就采集土壤来讲，一个村的土壤状况需要村里至少三个农田的土壤检测数据，这些数据经综合处理后方能具有代表性。再者，还需要选取农田内部的土壤，且土壤深度等都有要求，如果不考虑这些，随便取来土样检测，最后的数据一定会有偏差；就检测土壤来讲，部分土壤指标的测定结果是通过观察显现的颜色来判定含量所在范围的，而有些指标不同范围的颜色差别不大，加上虽然农田分布于方山县的不同地方，但考虑到方山县的区域面积不是很大，检测结果大致相似，因此便更需要认真观察判断。

很多时候，我常常忘记脚踏实地。以学习为例，在大学里，没有了老师的严厉督促，我平时的学习就会有些怠慢。每次总在老师划下考试范围和重点后才肯认真去学，一旦通过考试便沾沾自喜，之前一直欺骗自己这也是一种学习方法，但现在想来不过是不该走的一条捷径。就算考了和别人一样的分数，所掌握的知识也是远不如别人扎实的，为了考试而学到的知识，终会因为通过了考试而丢掉，而真正该被自己掌握的专业知识却被抛弃，错失其学习价值。

科考的这些经历告诉我：即使面对困难，也要不畏困难、脚踏实地，想办法克服困难，踏踏实实地学习、实验，一步一步前进，才能有所收获、有所成长。

三、日事日毕，有条不紊

在科考实践的7天中，每天的安排都是紧凑的。白天的时间或用于支教或用于科考，没有太多可供自己自由支配的时间，晚上则需检测土样、做新闻推送等，每天还需要完善自己的课题，任务较为繁重。在这样紧凑的安排中，我们团队一天一次的例会一直没有间断过。每天晚上大家都会聚在一起，总结当日课题进度，提出需要改进的问题，安排第二日的具体行程。

起初我并没有意识到这样做的好处，觉得可有可无，有时也会因为当天任务过重而希望取消例会，但几天下来，才发现每天的例会必不可少。一个人的想法难免有不足的地方，很有可能会遗漏，或是有些地方需要花费大量的时间去考虑清楚，但大家坐在一起讨论过后，我发现自己通常能更快地把握需要考虑的各个方向，并且认识到尚不成熟的想法，高效地完善了课题，完成了当日任务。

日事日毕，不仅仅是科考实践的这些天需要做到的，更是平时的生活、学习中所不可或缺的。人这一生有两件事不能做：一是“等”，二是“靠”。总说不急不急，明天再做也来得及，却忘记了“生命经不起等待”。每天都有要做的事，都有该做的事。一直拖着，便永远也做不完想做的事。我家里有把吉他，是高一时买回来的，上学时想着学业太紧张，没有时间去学，放假时便想着难得放假，要好好休息，于是拖延到现在，已经5年了，直到吉他的弦生锈了，我也没有开始学。

科考实践的这7天告诉我：唯有日事日毕，方能有条不紊，方能更高效地学习、生活。

在方山的暑期科考实践时间很短，但很难忘。我还记得早上蹲在水管旁洗漱，还记得中午时伴着孩子们的玩闹声午休，还记得晚上做推送做到凌晨，还记得那里的人纯朴而又可爱。当然，更令我难忘的，是科考实践的种种经历带给我的成长，教会我的道理。

在这十余年里，生态科考以“探索自然、服务社会、感受文化、孕育创新”为主题，前往不同的地方做着关注生态、保护生态的事。“十三五”期间，方山县计划以生态建设统筹脱贫攻坚，因此我们生态科考山西队以“青年服务国家”为主题来到方山，期望贡献自己的力量，利用所学知识为方山脱贫建言献策。

暑期科考实践结束了，但生态科考，我们永远在路上。

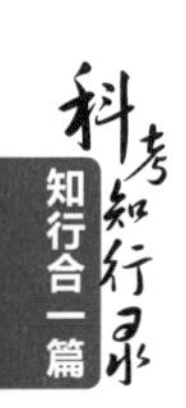

图25　山西队队员，王迪

北京理工大学生命学院，2016级生物工程专业本科生

队内工作：摄影和推送等。

个人感悟：科考不仅仅是考察自然，更需要走进社会，感悟生活。只有与社会实际问题结合起来，科考才能发挥职能，变得更有意义。

构建专业大棚，走上脱贫致富路

不知不觉中，7天的科考生活已经结束了，其中的欢声笑语还隐约在耳边掠过，时间却定格在合照分别的瞬间。经过这几天的磨砺，我们不仅获得了成长，更收获了友情。尽管科考已经结束了，但那充实的过往还历历在目。

一、万事开头难——团队合作

也许正如那句话所说“计划赶不上变化”，尽管出发前我们就可能出现的意外情况准备好了应急措施，但过程中还是有出乎意料的事情发生。在支教时，第一节课的气氛并不是很活跃，我就在下一节课的时候改变了上课的讲法，却发现气氛变得“过”于活跃，纪律很难保持好。在之前，只想到做好课件，检查是否有错误，却忽略了课堂气氛和纪律的问题。在活动前的准备中我们只能预测自己能想到的，而等着我们更多的却是未知。

在走访的时候，大棚农户热情地招待了我们，他们欣喜地跟我们交流，我们听着他们流畅的方山话，何曾想到，语言竟是走访过程中的拦路虎。在出发前对走访的规划和准备无非问卷提纲的设计，却忘了顺利的交流才是最基础的准备。其实很多时候都是这样，我们匆忙于修剪枝叶，却忘了树干是否健硕，实际上只有把握住问题关键，才能解决好问题。

采样也不例外，出发前忙着调查取水样的具体地点，结果到达采样地点时，村民告诉我们由于今年干旱，有几条河道的支道早就干涸了。

出乎意料的事还有很多，无论出发前如何充分准备，但在实践过程中，总是有一些思虑不周的问题暴露出来。这对每一位队员来说都是一种考验，大家必须在相应的时间内做出调整并制定解决措施，压力和未知充斥着整个科考过程。但科考又是有着如此的魅力，无论发生什么，大家都同心协力，当你遇到困难的时候，你不是一个人，而是一个集体，大家在一起讨论问题，众人拾柴火焰高，课堂纪律、交流不畅等问题也都一一解决了。

二、脱贫致富秘诀——桥沟模式

方山县作为贫困县，政府对扶贫致富投入的精力和力度是不言而喻的。在这个科技不断进步和信息发达的社会，若要脱贫致富，我们寻求的是一种勇于探索和改变的发展模式，而将这些引向农村发展，需要的不止是创新更是勇气。而方山县在长期的扶贫工作中，摸索发展出一种名为桥沟模式的发展模式，它鼓励农民发展电商和建设蔬菜大棚等，旨在将外面先进的技术、理念以及营销模式融入农村发展中，以达到脱贫致富的目的。如果方山县要打赢这场扶贫的攻坚战，提高农民收入、改善农民生活水平就是决胜的重中之重，因此这些也是桥沟模式的初衷。我的调研课题就与桥沟模式中蔬菜大棚的建造和发展有关，为了解方山县蔬菜大棚的建设现状和发展规划，我们走访了方山县当地相关部门，获得了蔬菜大棚规划建设的相关数据。经过工作人员的介绍，我们了解到桥沟模式下蔬菜大棚建设的运作核心，是政府参与大棚产业股份，并利用集体经济承担蔬菜大棚建设过程中的多数风险，使菜农的收入得到最大限度的保障。方山县农村特色发展的桥沟模式响应着国家的精准扶贫政策，也体现着勇于探索和不畏失败的精神。在今后的发展中，桥沟模式会不断完善，带领方山农民脱贫致富，而它所取得的成功或是遇到的失败将为其他探索农村发展的地区提供宝贵的经验和借鉴作用。

正如邓小平在会见美国高级企业家时说过的"先让一部分人富起来，然后先富带动后富。"我们所在的方山县桥沟村便是一个很好的例子，村里鼓励村民发展电商和蔬菜大棚，并成功走上了脱贫致富的道路，不仅让电商户富了起来，还解决了村里贫困户的温饱问题，缓解了村内贫困农户的严峻生活现状。村里的干部在国家正确的政策的指引下，走访农户，深入基层，并规划合适的发展规划，正是这种兢兢业业的负责精神为桥沟村的发展带来了源源不断的动力。其实，桥沟村蔬菜大棚建设的发展规划并不是无的放矢，桥沟村的蔬菜在县城里很出名，他们已经有二十多年的蔬菜种植经验，蔬菜品质优秀，供应稳定，享有很好的口碑。村委会将其自身优势和国家号召要求的精准扶贫模式结合在一起，探索发展中的桥沟模式，将村里的大棚进行了改善和重建，并设立农村合作社，将外面的专业种植技术和理念带进了村里，仅仅过了一年不到的时间，菜农就已经获得了不错的收益。由此可以看出，因地制宜的做法在探索农村发展道路上是必不可缺的。

三、农村现状及解决对策——专业蔬菜大棚建设

方山当地的村民给我的第一印象是淳朴和厚实，和天底下的农民一样，他们面朝黄土背朝天，有着饱经风霜洗刷的脸颊，憨厚和热情的笑容。其实除了桥沟村，其他许多地方的条件还不如桥沟村的好，他们有的用的是破旧的大棚，有的靠种植玉米为生。方山的土壤和气候并不好，但正是这种艰苦的

图26　队员进行土壤采样

环境造就了他们吃苦耐劳和积极向上的精神。而在村头往往都有土地庙，村民是靠天吃饭的，除了表达对土地的敬畏，还祈愿天气好，这样就能取得好收成。村里多是年迈的老人，其他人都外出务工了，因为老人们干了一辈子的农活，所以也就大多留在了村里。村内老龄化严重，缺少青壮年劳动力，这在很大程度上阻碍了村内的发展。在走访时，我们还了解到今年的天气比较罕见，干旱得比较严重，地里缺水，种植的西红柿很多都枯死了，但是他们脸上并没有太多的悲伤，只是语气里透露出一种遗憾和无奈。尽管条件艰苦，但对于农民来说，种植却是唯一的出路和生活来源，他们花费了几倍的精力，却只获得了几分之一的收成，我唯一能想到的便是“不公平”。但生活就是如此，想要生活下去就得在群山围绕的地方开荒种植。

相较于方山农民，我们作为大学生，不用担心今年的天气如何，也不用在烈日下弓背除草。也许在他们汗流浃背的时候，我们却躲在自己舒适的窝内，他们的辛苦和对土地的敬畏，我们是无法体会和学到的。不过欣慰的是桥沟村蔬菜大棚建设已经走上了先进的道路，去年新建的大棚提高了冬天棚内的温度，这对于反季节蔬菜的种植是至关重要的。凭借农民多年的种植经验以及大棚内的良好种植条件，农民单从一季西葫芦种植上就获得了两万元的收入，相较于方山其他地区这已是不错的收益。大棚的突出优势在稳定上，无论外界的气候条件多么恶劣，大棚内部环境一般只会在一个稳定的范围内变化，这也使农户们安心了不少。这是村民和村干部共同努力的结果，在国家政策的引导下，蔬菜大棚建设迅速走上正规道路。尽管如此，蔬菜大棚的建设也不是一帆风顺的，方山大部分农村地区并没有新建的大棚，用的还是破旧的普通大棚，冬天还需要防止被大雪压倒。因为新大棚的建设成本过高，桥沟村作为试验村，有着资金资助。除此之外，新大棚种植的蔬菜也会遇到杂草和虫害的问题，成本也不便宜，有时候还会受到外来市场的冲击，但相较于以前改善了很多，通过对多处农户的走访，也能看出农民对于这种新大棚的满意和欢喜。蔬菜大棚的建设充满着各种优势和缺点，但正如路是一步步走出来的一样，大棚建设之路也在朝着健康的方向一步步发展，相信它会在村民和干部们的努力下结出更加丰硕的果实。

四、科考总结与感悟

很荣幸能成为这次科考的一员，在科考的过程中，大家都各尽其能，努力完成各自的工作，互相帮助。大家变得逐渐熟悉，共同协作也变得更加得心应手。遇到过大大小小的困难和琐事，不同于书本上的习题有着固定的答案，有的问题它是没有答案的，它需要的是一种全面思考的解决方法。尽管有些问题令我们头痛和不知所措，但这正是磨练我们的地方，也符合科考队的主题之一“走进社会，探索自然”。

在挫折和坎坷中成长，才能锻炼我们，提升我们的综合能力，而这也是科考的初衷。好在我们顺利地走过了这一路，有欢声，有讨论，有鼓励和共勉，我们不仅仅是个人，更是集体。在看到方山的贫困状况后，我认识到要好好学习的重要性，我们要用这双手去帮助当地民众，为国家做贡献。

生活不易，所以不要再浪费宝贵的食物，不要再虚度光阴，这样才对得起农民的汗水和父母的期望。科考虽然已经结束了，但是方山县扶贫致富的道路还要走下去，将先进的技术和理念引入农村也是必然的趋势，尽管道路并不平坦，但是蔬菜大棚的建设、电商和养殖的推进等都会走上正轨。虽然现状还比较严峻，但方山的脱贫道路已经探索到了良好的道路，相信在政府和农民的共同努力下，方山人民最终能脱离贫困，过上幸福安康的生活。

图27　山西队队员，张淼鑫

北京理工大学生命学院，2016级生物医学工程专业本科生

队内工作：物资的管理、运输、清算等。

个人感悟：实践出真知，知行合一才能更好成长。

美丽山西，难忘方山

一、行走于山西，感受山西之美

山西，因地处太行山之西而得名。这个坐落在黄土高原东部的北方大省，从来都是一个地势粗犷雄壮之地。它北依长城与内蒙古接壤，南抵黄河与河南为邻，东界太行山与河北毗连，西隔黄河与陕西相望，因而有了整体酷似平行四边形这一惊奇的地理风貌。

山西，更因其外河内山，而有着“表里山河”的美誉。在它的境内，东有太行，西有吕梁，南有中条山，北有恒山、五台山，座座名山支撑起了山西的脊梁；境外则是滔滔黄河，绕省而过，以其天生的险阻守护着广大土地上的三晋儿女。印象之中的山西，如同其山川地势，像是一个装扮得满身书卷气的山中大汉，外表是水一般的温润，内里却是如同黄土高坡一样的粗犷、豪爽！

山西又可谓一个历史悠久、人文荟萃之地。炎黄二帝曾以此地为活动

中心，繁衍生息；春秋时代，强国晋独占山西，称霸中原；李渊父子曾起兵太原，建立盛唐，以山西为“龙兴之地”；明清两代，山西晋商，更是货行于天下，财富可敌国！在这里，有远古人类生活过的丁村文化遗址，有清廉典范于成龙的故居，有“牧童遥指”的杏花村，也有乔家大院这一晋商文化遗址……三晋大地的文化遗产就如同名满天下的山西汾酒一样，历久而弥香。

当火车拉着长笛穿过漫长的太行山隧道后，我们便来到了这著名的三晋之地。随着火车一路向西，映入眼帘的不是想象中的“赤裸的黄土”“大风从坡上刮过”，无论经过的是丘陵、山坡还是小块的平原，终究是能见到几抹绿色的。或许是在经过多少次刮风时的黄土漫天、下雨时的泥沙滚滚后，人们终于明白了那几抹绿色的重要，开始保护树林、保护草地了吧。毕竟这世世代代生活的地方，是需要得到保护与爱护的。

路途中，从车窗观察着外面的山山水水、花花草草，却发现别有一番滋味。山西的绿，给我的感觉始终是少了几分灵动，多了几分木讷。不同于水雾氤氲的江南生长出的树木——有着蓬勃的生机与灵性；这黄土高坡所哺育出的花草树木总是带有几分朴素，一如这同样朴素的黄土大地。略显干旱的气候造就了山西所特有的景观：蓝天、白云、朴素的墨绿色树木、连绵而又厚重的土山……在这里，能清晰地感受到何谓“天地之浩渺”；在这里，也会想着“酒酣胸胆尚开张”，去山坡上高唱一曲《信天游》！

火车在三晋大地上穿梭，最终目的地是吕梁市，这个坐落于山西省中部西侧的城市，因吕梁山脉自北向南纵贯全境而得名。吕梁，这个革命老区曾经是红军东征的主战场，一部《吕梁英雄传》展现了战争年代中许许多多吕梁儿女不畏牺牲、前赴后继的英雄风采！而我们这一次的科考也将会在其管辖的方山县进行。

二、实践于方山，难忘风土人情

在经历了近20个小时的奔波后，从繁华的北京来到了最终的目的地——方山县桥沟村，我们将在这里进行为期一周的社会实践生活。经过了短暂的接触后，对于这里我也有了初步印象。在这里，没有富饶的黑土地，也没有鸟语花香的树林地；在这群山环抱之地，有的只是略显裸露的黄土高坡，还有纯朴热情的村民。在这里，我们可以感受到村民对于过上富裕生活的朴素愿望，可以看到小孩子对于山外精彩生活的满心向往。

我们最开始的实践活动是在暑期学校进行短期支教，而这为期三天的支教经历也让我生发诸多感悟。古语云“授人以鱼不如授人以渔”，短期的支教，我们能给这些孩子的或许不仅仅是课本知识，也不仅仅是外面“花花世界”中千奇百怪的事物，最应该带给孩子的是系统而科学的学习方法和对于知识学习的兴趣。我所期望的成功的支教是最终激发了孩子们学习的欲望并把他们带进知识的殿堂，进而能够坚定他们走出大山的信心。

接下来的几天我们对方山的环境进行了走访调查。正所谓“纸上得来终觉浅，绝知此事要躬行”，连续几天科考的历程让我明白了实践的艰辛与不易。外出采集水样时，自信满满的我却被超出预计宽度的河面打破了计划，最后只能望“河”兴叹。这其中的原因既有对当地情况的不了解，也有自己计划制订的不严谨。可以说，这样的实践活动对我们这些“书呆子”来说是有些困难的，但在我看来这又不失是一次极好的锻炼，要知道，知行合一才能更好地成长。连续几天的正式科考生活，我们几乎跑遍了半个方山县。在此过程中，按照老师的指导去采集了河流、水库、泉水的水样，同样也采集了山地、林地、农田的土样，虽有些劳累却也是收获颇丰。

在完成对方山县水土环境的调查后，我们紧接着又对周围的村落进行了走访调查。其中让我印象最深、感触最深的是那触眼可及的、深扎于方山县发展史中的贫穷。在这里，没有临海地区便利的交通、没有平原地区广阔而肥美的土地，也没有闻名于天下的风景名胜，方山县只是位于吕梁山区中的一座普普通通的小县城。而当我们真正地踏入大山深处，村民们居住的由砖石和木头搭成的简陋房屋更是向我们展示了惨淡的现实：贫困，贫穷！可以毫不客气地说，当繁华的一线城市为了提高居住者的幸福指数绞尽脑汁时，方山县却仍旧在为了摆脱贫困而拼尽全力。这样对比鲜明的现实，实在是让人感慨良久、默默无语……

面对这样的现实，慨叹之余，更加让人关心的是解决之法。近些年方山县在国家针对不同的贫困区域和贫困人口提出的“精准扶贫”政策的指导下、北理工的对口扶贫支持下创造出了许多扶贫新模式，如“桥沟模式”等。在这其中，让人耳目一新的是刘家庄村的“光伏扶贫”。

图28　当地领导与队员展开座谈

众所周知，光伏发电是新兴发电模式，而刘家庄的“光伏扶贫”发电，既发展了新能源，又实现了脱贫增收，一举多得。在刘家庄村的“光伏扶贫”新模式中：政府出资建立大型的光伏发电站并委托专业公司进行日常维护及管理，刘家庄村则只需提供土地。在这种模式中，既可解决贫困村没技术、集资难等问题，又通过租用土地让村集体和贫困户得到了一定的经济来源，同时村民也可到发电厂以打工的方式获得一定的收益，一举多得。对于像刘家庄村这种山地面积大、光照强而外出务工人员多的贫困村来说，这种政府投资主导的“光伏扶贫”新模式可谓特色鲜明，它改变了传统的“输血式”扶贫，通过发展集体经济采取贫困补贴、以工代赈等方式来达到扶贫目的。

事实上，在实地走访调查过程中，像刘家庄村“光伏扶贫”这样的扶贫新模式还有很多，它们都是方山人为摆脱贫困所做的努力。在其中，我们能看到当地扶贫工作的显著成果，也能感受到其中的艰辛。与此同时我们可以看到一个好的发展模式对于方山的扶贫工作起着巨大的作用。在感慨方山各种扶贫发展新模式之余，我也衷心地希望能够有更多的人来了解方山，了解方山人为摆脱贫困所做的努力，从而提供给他们更好、更适合的发展模式。

在我们的行程快要结束时，碰到了一位看守道观的老道士。他热情地为我们讲解了道观的历史，并自豪地说他的一生都投入到了道观的宣传和保护中，用半辈子干了这一件事却很满足。看着道观中保护完好的、传承自明代的壁画，我不禁联想到方山的“扶贫攻坚战”，方山人一定会尽他们的最大努力去做这件事，而我也衷心地希望不久的将来他们能够实现摆脱贫困的目标。

当完成了所有的科考任务，准备乘坐火车驶离方山县时，我的内心却有很多不舍。在这里，我们与可爱而又稚嫩的孩子一起学习，一起玩乐；在这里，我们与朴素而又实在的村民一起聊天，一起生活；在这里，我们和热情而又敬业的队友一起跋山涉水采样，一起绞尽脑汁写文章……

一周的科考生活，我们见证了方山的改变，也见证了方山人的努力；与此同时，我们也收获了各自的友谊，收获了成长。方山一行已经结束，这一路有太多的美好回忆，让人记忆犹新，此时此刻，我只想轻轻地祝福：愿方山更加富足，愿山西更加秀美！

北京理工大学生命学院，2016级药学系研究生

队内工作：新闻稿的撰写。

个人感悟：行是知之始，知是行之成，读万卷书，不如行万里路！

图29　山西队队员，张婷婷

我虽离去，但心仍在

夏日初伏之际，我和一群志同道合的小伙伴，走进方山，进行生态科考，感悟那里的山水之美，探索当地脱贫致富的新路子。“探索自然、服务社会、感受文化、孕育创新”是北京理工大学生命学院生态科考队的主题，它使我们有机会走出象牙塔，感受美丽中国。

迎着夕阳，初到方山，这里的风景颠覆了我许久的认知，我被眼前的黄土丘陵沟壑所惊呆，真正见到这样的黄土地还是让我震撼了许久，同时也意识到了自然对这里农业发展的限制，亦是造成这里贫困的原因之一。

经过短暂的车程，我们来到了桥沟村，这个每次开会都会提及的地方，现在就在我眼前。初入村庄，就被方山县北理工暑期学校的惟妙惟肖的文化墙所吸引，字体娟秀而又飘逸，图画生动而又活泼。想必这是一个朴实、充满朝气的学校，这里有着积极而又灵动的孩子。校园是一个四四方方的院子，有着简单整洁的教室，跟随校长的步伐，我们进入学校里面，对面依然是黄土围成的高墙，上面种满了庄稼，与教室相对，让人感觉宁静自然。经

过短暂的休整与适应，我们召开了第一次例会，再次确定了自己生态科考的课题，并细化了课题的内容与安排。次日清晨，队员们就走进桥沟村，与支书、朴实的村民们交谈，就中药材的种植种类、规模、投入与产出等，蔬菜大棚的投入产出、产业链的发展、销售的模式等，村民的家庭经济情况、年收入、教育投入等相关的教育与社保情况进行了一定程度的初步了解。经过了解，得知此地的干部积极响应国家号召，通过抓六个精准，即扶持对象精准、项目安排精准、资金使用精准、措施到户精准、因村派人精准、脱贫成效精准，确保各项政策好处落到扶贫对象身上。精准扶贫政策初有成效，同时我们也感受到领导干部作为联系党、国家和群众的一个桥梁，他们上传民意，下达国家的政策、指令等，积极发挥自己的桥梁作用，做好党和国家同群众的联系工作，让两者能够很好地融合在一起，将国家的利益和人民群众的利益很好地结合到一块，做到多赢；他们积极了解国家惠民措施，支持产业发展的方向，把国家政策跟自己村子的现状结合起来，为村民的发展指出一条更好的康庄大道；他们急民之急，解民之忧；为人民办实事，做群众贴心人。

但此次走访过后，队员们感觉困难重重，首先是村民们浓重难懂的口音，让社科类队员的调查问卷无从下手，面对毫无进展的课题，队员们并没有退缩，而是迎难而上。经过短暂的适应和调整，经过大家的讨论与坚持不懈的努力，我们重新调整了方案，拜访了方山县政府、方山县财政局及方山县劳动资源与社会保障部了解当地有关教育、农村养老保险、农村经济发展的投入、方山县环境发展的投入等一系列与课题相关的问题。对有关部门的配合及给予的帮助，我们发自内心地感谢。随后为了完善社科类的课题，我们又走访了庙底村与新民村等，那里的村干部热情地接待了我们并对我们提出的教育、农村养老保险、蔬菜大棚的投入与产出等一系列问题知无不言言、言无不尽地予以回答。通过上述的拜访与调研，社科类队员收获颇丰。短短的几天里，有许多眼神让我终生难忘，那眼神中有对人才的渴望，对教育问题的无奈，对发展问题的期待，对美好未来的向往，对家乡崛起的期盼……

我们在一定程度上了解到该地确实有医疗、教育、农村养老等一系列的难题，但国家及相关部门也制定了相关的政策，积极有序地开展精准扶贫、农村医疗保障、社会保险等利民工作。

我相信在党和国家的关怀下，这里农民的日子会越过越好，我们也希望我们的绵薄之力会对这里贫困状况的改变有所帮助。

在此期间，北京理工大学生命学院副院长刘晓俏来到方山，刘院长强调这次的社会实践服务是理论与实践的结合，要坦然接受过程中的酸甜苦辣和成败得失，这样人生才会更加精彩。自科队员们也紧锣密鼓地进行着实验，本次他们主要进行方山县水质情况的检测及林地、农地土壤的调研。

北京理工大学生命学院副教授赵东旭老师来到方山参与科考并指导我们，给我们提出了建设性的意见，并帮助我们完善实验方案，给了我们极大的信心。为了全面反映方山县的土质及水质情况，我们最终确定以贯穿方山县的北川河为核心，选取由北向南北川河方山县入口、北川河方山县北部、北川河方山县中部、北川河方山县南部及北川河方山县出口依次为刺尖岭村、马屿、桑湖湾、建军庄、横泉水库的上、中、下游以及大武镇、武回庄村等13个地点进行采样，有些地方水域宽阔，深不见底，坝高十几米；有些地方河道偏远，车辆无法进入；有些地方人烟稀少、杂草丛生；我们翻墙越岭，不畏艰难险阻，团结合作，齐心协力，走过一处又一处的河流，采得一个又一个的水样，有些队员还险些掉入水里，有些队员鞋子都湿了，但我们依然奋力前行。

至今还清晰地记得横泉水库的浩瀚无际、波澜壮阔，那时正是正午时分，烈日炎炎下，三十几度高温，经过一路的颠簸，终于到了水库，我一下就被这美丽的景色迷倒了：波光荡漾，清澈见底；时而烟波浩渺，一望无垠；时而波光粼粼，晶莹剔透；时而青山倒影，平展如镜。面对如此景致，不由得令我感叹，真是看不尽的波光潋滟，读不完的山色空蒙，听不厌的水哗风吟，品不完的人生百味，我们不虚此行。倘若这里被建设成集休闲娱乐为一体的景区该多好，一来美丽的景色可以被更多的人分享，二来能够在一定程度上增加农民的收入，改善农民的生活。在被这美丽的景色震撼的同时，我们着手采样，但由于水域面积很大，我们只能徒步前行才能取到上、中、下游的水样。那日天气很热，岸边的水域温度已接近30℃，太阳炙烤着大地，路旁的荒草丛几乎要燃烧起来了，没有一丝风，河岸边的柳树垂下了头，空气中弥漫着的热浪让人喘不过气来。脚下的路时而瓦砾横槊，让人走得磕磕绊绊，时而泥泞不堪，让人步履维艰，队员们的鞋子上沾满了黄泥，有的人甚至鞋子陷入泥水中难以拔出，就这样我们一边欣赏着迷人的风景，一边继续前行采取水样，此时的我们是热并畅快着，累并快乐着，能够帮助改善山区人民贫困的生活，我们也欣慰着！

经历过采取水样的磨炼后，短短的几日，队员们成长了许多，由手忙脚乱到紧密配合，大家付出并收获着。来到北武当山采取土样时，大家已经变得信心满满。北武当山又名真武山，位于方山县境内，吕梁山脉中段。山上树木种类繁多，野生中药材有千余种，有上百种名贵药材，这也是将北武当山作为采取土壤样品地点之一的原因。

在山脚时，看见山顶在云里雾里，似乎显得很神秘，而实际上山顶的风景丰富多彩，站在山之巅，体会世间之美，很是享受。山顶上的风景，点点滴滴，尽收眼底。是啊，大自然又对这里贫苦的百姓特殊照顾，造就了险峻巍峨的北武当山。

烈日下，队员们汗流浃背，气喘吁吁，脚步也变得愈发沉重，但科考队员们仍然发扬着不抛弃、不放弃的精神，相互鼓励，相互支撑，最终分别在山脚、半山腰、山顶三处地方采得了来之不易的土壤样品。

晚上，我们对采集的土样及水样及时地进行了检测，队员们相互协作，互帮互助，时而对某处的水质检测结果赞叹不已，时而又小心翼翼地进行实验，夜以继日，我们虽疲惫，但看到满满的收获还是非常开心。

现在还时常想起我们对村民们浓重难懂的方言的困惑，手忙脚乱的采样，匆匆忙忙的例会，通宵达旦的实验。“纸上得来终觉浅，绝知此事要躬行”，经过几天的历练与学习，队员们慢慢地熟悉了当地人依旧浓重的口音，一切都变得得心应手，在崎岖难行的山路上轻车熟路地采土样，在水里轻而易举地采水样。面对陌生的面孔，我不再恐惧退却，而是主动上前打破

心灵的隔阂；面对险山沟壑，我不再思考重重困难和将要面对的挫折，而是奔着目标勇敢跨过；面对我的队友，我不再只顾自己，报以冷漠，而是绽放笑容，我知道，他们需要我，我也需要他们。

于我，科考的日子，让我完成了由“菜鸟”到“老鸟”的蜕变，对于集体和团队也有了新的认识，大家同吃同住，对课题开展中遇到的问题出谋划策，大家一起翻山越岭，跋山涉水，苦中作乐，既锻炼了意志，也锤炼了品格，是队友，也是兄弟姐妹，放下自我，融入集体，互相照顾，奉献为荣。

于方山，虽然土地贫瘠，农民生活贫困，但仍有致富的希望，国家提出九大脱贫攻坚的方式，大力发展特色产业脱贫、结合生态产业脱贫、发展教育脱贫等，并提出三大脱贫攻坚保障（政策保障、政治保障及基础设施保障），这体现了国家对人民生活的关注，同时也让贫困地区人民坚定了脱贫致富的决心。大自然造就了钟灵毓秀的北武当山、清澈的横泉水库，这些自然的美景开发成更有特色的景区都是百姓们脱贫致富的希望，我相信在党、国家及各级领导的支持与引导下，村民们一定会安居乐业、幸福生活。

岁月若水，走过才知深浅；时光如歌，唱过方品心音。因为经历，所以懂得，因为懂得，所以珍惜。仁者乐山，智者乐水，愿我们的生态科考队越来越蒸蒸日上，再创辉煌。

图30 山西队队员，张晓娇

北京理工大学生命学院，2016级化学工程与技术研究生

队内工作：新闻稿的撰写。

个人感悟：不登高山，不知天之高也；不临深溪，不知地之厚也。

鱼水情，方山行
——方山生态科考之旅

夏日栽阳，一变而为清和明媚之象，晚风解暑，一幻而为白卉昭苏之天。回首思绪，仍忆方山之科考，难忘支教之旅程，以贞静之青春，携浓郁之热情，求无限之希望。未赴瀚海历风雨，哪知扶摇接青冥。今草此文，是以为记！

——题记

从2004年到2017年，北京理工大学生态科考已历经十多年的风雨，多年来生态科考一直秉承“探索自然、服务社会、感受文化、孕育创新”的信念，不忘初心，坚毅前行。这个夏日，生态科考队继续踏上了奔赴山西省方山县的新征程。今年的夏天酷暑依旧，然而我们满怀青春的激情，肩负不同的使命，以感恩父老乡亲的心态，用双脚丈量贫困地区的现状，用双眼观察地方政府扶贫的举措与反响，用双手奉献点滴力量。

记忆是一种很奇妙的东西，它会涤荡所有苦难，只留下温情。离开方山已经很长时间了，心里面却不由自主地一直想着那个地方，似乎被定格，又似乎就那样被封存。从启程到动身离开，一切就像发生在昨天，是那么清晰，那么深刻……

一、雨露花香·方山之初印象

“暖暖远人村，依依墟里烟”，是我对方山县桥沟村的第一印象，映入眼帘的既不是大城市的车水马龙、熙熙攘攘，也不是想象中的青山环抱、草木葱郁，取而代之的是黄土地的沟壑纵横和村庄民舍的错落有致，仍旧保留着自然淳朴的田园风光。一路上，宽阔通畅的水泥道路，阡陌纵横的林路沟渠，初具规模的特色产业，干净漂亮的农家院落……更让我感受到这里处处荡漾着美丽新农村的和谐之风。为了迎接我们的到来，方山北理工暑期学校的校长为我们准备了丰盛的晚餐，在这个偏僻陌生的村庄里，我享受了一次温馨的晚餐，更感受到了当地村民的淳朴与热情好客。带着“滴水穿石”的精神，“弱鸟先飞”的意识，当地人民正在振奋精神加倍努力，建设更加美好的家园。

宁静祥和、淳朴好客、朝气蓬勃是我对方山县的初印象，近几年，方山县已经发生了翻天覆地的变化，全县经济总量上了一个新台阶，产业发展形成了规模经营的新格局，基础设施建设有了新突破，城乡环境发生了新变化，人民生活水平有了新提高，但与全国、全省相比，差距仍然很大。按照新的贫困标准2 736元，全县11.7万农业人口中，截至2014年年底，仍有7.1万贫困人口，近6 605人的生产生活条件还比较困难，上学、就医、饮水、社会保障等困难仍然存在，扶贫攻坚任务依旧任重道远。发扬着不怕苦、不畏难的精神，我们生态科考队来到方山县，希望通过关注当地的生态建设、经济发展、教育帮扶与社会保障，为政府建言献策，为当地的脱贫攻坚贡献我们的一份力量！

二、寻径探访·科考之新征程

实践中，我们走进贫困村庄，了解当地农户的农作物种植状况、收入状况、生活现状以及脱贫过程中遇到的困难。队员们与村民们耐心交流，了解相关脱贫政策，并得到了村民们的积极配合，善良淳朴的村民们常常主动为队员们提供饮水甚至简餐，队员们往往被老乡们的热情所感动。交谈中，我们了解到早些年的方山县由于开发建设起步较晚、工业产业基础薄弱，资源开发利用、服务业发展、技术中介机构培育等方面相对滞后于周边地区；农业产业化程度较低、缺乏龙头与基地支撑，农业科技水平低，靠天吃饭、广种薄收的局面仍没有改变。农村经济主要以一家一户分散经营为主体，出售的多为初级产品且附加值低，同时农户收入来源单一，增收步伐缓慢，大多数农户都因病致贫、因学致贫。

2013年起，党中央提出精准扶贫的指导思想，几年来，党中央和各级政府攻坚克难、砥砺奋进。现如今方山县的基础设施已经得到明显改善，产业结构也得到调整，兴建了多个蔬菜大棚，建设了高标准农田和“林畜结合”的综合性采摘果园，推广种植中草药，精准扶贫政策初见成效，贫困状况得到了明显改善，但相较于其他地区，当地的生产状况仍旧比较落后，脱贫攻坚仍需优化整合。

环境保护与解决贫困问题之间的关系越来越受到国际上的关注，消除贫困越来越成为环境保护工作的基础。贫困与环境恶化相互作用引起的恶性循环被称为“贫困陷阱”，即贫困导致环境退化而环境退化又进一步加剧贫困的发生，这使得贫困落后地区居民的生存环境更加脆弱。为缓解这一情况，林下中草药的种植不失为一种解决贫困地区的农民脱贫和实现生态修复的有效方法。

凭借得天独厚的生态环境，方山县推广种植高附加值的中草药，在已栽种完毕果树和蔬菜大棚之间种植柴胡、射干等中药材，完善当地的“生态链”，建成“林畜结合”的综合性采摘果园，同时发展林下中草药。方山县

位于晋西吕梁地区绵延数千华里[1]的黄土高原西端，境内多黄土沟壑荒山，同时气候干旱、地表水土流失严重，农业环境极其恶劣，而林下中草药或在蔬菜大棚间种植中草药的积极发展，既能够使当地居民脱贫，还能使农村劳动力实现从传统的垦荒、过度放牧等生产方式的转移，减轻土地资源的压力，使更多的土地得以空闲，改善土壤的理化性质，提升林草覆盖率，净化空气，提高当地生物的多样性，实现自然的生态修复，最终获得生态效益和经济效益的双赢。中草药的种植有望成为方山县摆脱贫困的“必胜法宝”！为实现脱贫致富，需提高当地群众的自主创新能力和主观能动性，促进林下经济的大力发展，实现中草药种植的规模化发展，加强管理机制，引导种植户走向自主发展之路。实践是发展的源泉，创新是发展的动力，只有提高种植户的自主创新能力才能不断促进林下经济以及中草药产业的协调发展。

目前，当地的中草药种植产业还处于初步发展阶段，仍然面临很多问题，如：中草药产业科技含量不高，缺少种植加工规范，产业链不完善，环境污染等。中草药种植与环境的关系定量化研究有待开展，生态大环境包括气候、降水、温度、光照等，中草药种植与土壤性质的关系等有待进一步研究。

之后，我们继续走访了方山县教育局、财政局和人力资源与社会保障局，了解方山县的教育扶贫和社保养老机制，既欣喜于近些年方山县的变化，同时得知目前方山县老龄化问题较为严重，大数据平台的使用效率较低，资源配置略显滞后，医疗教育都有待进一步提高。

在老师的指导和带领下，我们由北至南沿北川河流域依次对杨家沟村、刘家庄村、阳圪台村、赤坚岭村、桑胡湾、建军庄的河流以及横泉水库的上中下游、北武当山等十多个地点进行采样，对方山县各处的饮用水、农业灌溉水、农业及林业用地及中草药进行检测分析。“宝剑锋从磨砺出，梅花香自苦寒来”，在三十几度的高温下，我们翻越一座座大山、趟过一条条大河，但每一个人都发扬着不怕苦、不苦难的精神，相互配合，相互鼓励，顺

① 1华里=0.5公里。

利地完成了采样和检测任务。

经过几天的支教、走访和采样，让我切身感受到了“科学技术是第一生产力”的深刻意义和教育的重要性，要想从根本上解决当地的贫困问题，就要大力发展当地的科学技术，通过科技扶贫推动当地经济发展，促进农民脱贫增收，开辟致富新渠道，建立健全帮扶新机制。但科学发展不是一朝一夕就可以完成的，也不是一蹴而就的，它是一个漫长、循序渐进的过程，我们必须更进一步学习、实践，并查找自身存在的不足。

三、有志竟成·旅程之再回首

即便我来自农村，但如此热衷于农村问题且如此深入地思索农村问题是第一次，每一次交谈、每一次走访、每一次采样都让我深切感受到自身的责任之重，在实践中受教育、长才干、做贡献，知国情、关民意、献良策。纵观这一路，活跃在其中的一个词就是“感动”，感动于方山县桥沟村农民的热情淳朴，感动于彼此的勇敢与担当，感动于彼此的友爱与互助，感动于彼此的坚持与拼搏。

生态科考期间，我们哭过，笑过，痛过，累过，但从未放弃。

一路走来，我们风雨同舟，同甘共苦，感谢老师的耐心指导和帮助，科考小伙伴的互相关心照顾，还有善良热情的孩子们，感谢参与生态科考实践的每个人，让我学会珍惜与坚持、学会沟通与交流、学会责任与担当，这份经历弥足珍贵，会时刻映照在我脑海，永不褪色。

流水虽逝，长润旧土；圆月不常，何照故人。文成此时，怀恋行间字里；心系一地，情谊地久天长。

2.3 生态科考陕西队队员科考感悟

图31 陕西队队长，许祖强

北京理工大学生命学院，2013级生物医学工程专业本科生

队内工作：队长，统筹各项工作安排，负责每日安全汇报，每日进度、日程安排，实验器材、物资保管、携带。

个人感悟：我一直很相信一句话："辛苦，可能是因为收获特别大。"科考终于结束了，短短的一周时间，紧张的节奏、忙碌的行程、急速变化的环境让我一直觉得过去的整个暑假都是在科考，始终不敢相信这竟然只是短短的一周，就像印象中的"黑猫警长"也仅仅只有5集，喜欢的"西游记"也是只有25集而已。这是因为越是有所收获的经历越是难忘，越是记忆深刻。

从生态科考看团队建设心得

首先，我一直很相信一句话："辛苦，可能是因为收获特别大。"

本科毕业，第一次穿学位服，第一次经历学位授予，第一次拿到学位证，这一系列对毕业流程的新奇和毕业带来的分离的伤感与假期带来的无法阻挡的兴奋混合，感觉五味杂陈，久久不能消散。拿到学位证、毕业证之后，大家都各自去各地毕业旅行放松心情，每天在朋友圈晒吃的晒玩的晒美景，我呢，肯定不能落后，本来准备实验室暑假游，每天晒晒程序，因而毕业后也就留在实验室准备安心地跟着老师做项目课题。中途有事回家但是在家待了一星期实在无事，然后看到了陕西生态科考补招的消息，就报了名。

而这，也彻底改变了我接下来的平静不平淡的暑假生活。

其实，一直都觉得自己的交流能力和执行力不是很好，也一直想借机会锻炼自己。因而，很想借一次这样的机会能够更多地提升自己，同时，科考地点也是我很感兴趣的地方。之后，回到学校后，我还成为我们那支科考队的队长。因为没有很多经验，要准备的很多，考虑需要很细致，而时间又有限，任务也无数，我只能风一样地来风一样地去。以前晚上我很快就入睡了，现在身体能很快休息，可脑子里还惦记着还有什么工作落下了，想清楚了之后赶紧记下来再接着睡。其实，还是因为自己这方面接受的锻炼太少，能力不够，很多现在看起来或者他人看起来很轻松的事儿非得折腾好久筋疲力尽之后才算完。

接下来从三个方面来讲述我的科考经历：科考前期准备阶段、实践阶段、结尾阶段。

一、准备阶段

1. 关于态度思想和心理准备

首先，得有一个良好并且严谨严肃的态度。就是你得重视问题，不要犯主观主义想当然的错误，不经调查就形成结论。没有调查就没有发言权，别说发言，就是观念也不要有，错误的前提下形成的观念上的定势思维危害更大。这告诉我们，实践是检验真理的唯一标准。所以，一开始的定位要准确，参加科考要有吃苦的心理准备，当然也要做好迅速提高、极大锻炼自己的打算。定位对了，之后出现困难，心里就不会有太大的落差，也就不会轻易地放弃，所以要端正思想态度，做好心理准备。

2. 关于开会和总结

关于开会和总结，一定要做好记录，将会议上定的内容先整理好，因为很多东西是一个人很难考虑全面的，在与大家的慢慢讨论中，才会意识到有很多的细节要去关注。将这些细节一件一件梳理出来，及时总结传递给大家，同时将讨论得到的一些结论尽快告知大家。把细节都抓好了，实施起来就更加顺利和得心应手。

3. 关于事务和工作分配

我们这支科考队是学院今年最后一批出发的，在我们出发之前，另外两支队伍已经回来了。因此，有很多非消耗品东西我们就不用再重新买了，直接用他们的就行，但我还是经历了一段很挣扎的购物历程，因为时间比较紧，有部分较重的东西就要考虑直接先寄到目的地，这就涉及在充分考虑、全面细致的情况下进行合理分工。

4. 关于计划

为期一周的科考项目涉及诸多的课题和任务行程，在节奏如此紧凑、任务量如此之大的情况下，制订切实可行的计划并确定细致行程规划非常重要。至少要有明确的目标，重要的环节要慎重考虑并果断决定，细节方面也要尽可能地考虑周全。虽然事后证明计划赶不上变化，但是在有准备的前提下即便发生变化也能很快地调整过来，不至于惊慌失措。

二、实践阶段

1. 关于团队内良好合作氛围的构建

我们队内有6人，3人考察社科课题，3人考察自科课题，社科需要发问卷访谈调研，自科需要采水取土进行指标测定。根据行程的安排，各自的课题基本分开，没有课题的就全部出动完成有课题的任务要求，大家互帮互助，保证了在极短的调研时间内完成所调研的任务，同时增进了彼此之间团结合作的默契，更重要的是大家在共同的工作中彼此相处得更为融洽和谐，工作时也更加高效。

2. 关于团队内问题解决的方法

总以为自己很厉害，以为什么都能考虑到，考虑不到的突发情况也都能很快地处理。事实上，集体的智慧才是最大的，遇到解决不了的事情多和大家商量，能解决的也多让大家参与，因为这是大家的科考，每个人都有责任有权利了解，充分考虑大家的想法，充分结合所有人的意见，民主地得到当前情况下最合适的处理方案。

3. 关于团队内各项工作的落实

科考过程中，应充分考虑当前的工作任务并及时与大家确认各项工作的完成进度，例如之后的行程安排、住宿包车等。新闻稿和微信推送是一项很辛苦的工作，因为都是在白天忙碌的行程任务结束并且晚上开完总结会后才开始工作，而那时通常已到了夜里11点多，负责当天新闻稿和微信推送的队友基本上得到凌晨2点才能忙完。我想，最好可以提前将考虑到的科考过程中的任务分工写下来，晚上总结的时候再具体确认各项工作的落实情况，督促各个环节的实现。

4. 关于团队精神的构建

团队精神，在本次科考过程中体现为互帮互助、无私奉献、吃苦耐劳、不怕困难、坚持不懈的精神。

三、结尾阶段

关于团队成果的实现提取，给出各项材料的提交节点，大家自己掌握进度，还有一些相互之间的成果资料要及时共享，最大限度地完成自己的课题，保证成果的实现。

四、一些贯穿始终的重点

1. 各自的课题内容做好

前期准备工作做足，文章框架先构建好，缺省的部分就是此次科考所要调研的内容。古人云："取乎其上，得乎其中；取乎其中，得乎其下；取乎其下，则无所得矣。"也就是说，准备得越好，起点越高，至少取得成就的

潜力越高。

2. 时间观念

3. 始终保持良好的情绪、高昂的兴趣，始终保持正能量

4. 与大家友好地交流沟通

5. 注意身体健康，确保安全

图32　陕西队副队长，关尚京

北京理工大学生命学院，2014级生物工程专业本科生

队内工作：副队长，主管物资（纪念品、实验器材）的保管、携带。

个人感悟：社会实践是大学教育的重要组成部分，对于大学生综合能力的提高具有积极的促进作用。社会实践不仅能够帮助大学生全面认识自己、认识和服务社会，而且能够激发和培养他们的创新能力、组织协调能力、沟通能力以及心理承受能力等。

论大学生社会实践的必要性

随着素质教育的普及，大学生能力建设成为国家在推行教育政策方面需要考虑的重点问题。特别是随着时代的发展和国际形势的变迁，国家对大学生的整体素质提出了更高的要求。大学生是国家先进文化的代名词，代表的是国家文化的发展方向和发展水平，在与世界进行交流的过程中扮演着重要的角色。而在社会发展程度相对较高的今天，大学生的能力还代表着国家的创新水平，而创新能力是推动国家实现快速发展的重要力量。因此，大学生还是国家创新能力的重要来源。在努力推动现代化建设的进程中，大学生作为创新能力的主体，其综合素质的提高成为实现中华民族伟大复兴的中国梦的重要因素。所以，大学生在社会发展过程中占据着重要地位，其综合能力的培养和提高应该成为国家在推行教育模式变革中的重点。

在提高大学生综合素质的路径探索中，社会实践成为社会关注的重点。《中共中央国务院关于进一步加强和改进大学生思想政治教育的意见》中明确提出，坚持政治理论教育与社会实践相结合，既重视课堂教育，又注重引导大学生深入社会、了解社会、服务社会。至此，大学生社会实践上升到国家人才战略高度。

从哲学的角度来看，大学生社会实践是一个不断增进认识的过程。在这个过程中，大学生不仅是要认识社会，更重要的是要认识自己，包括认识自己的地位、认识自己的能力以及认识自己理想与现实的差距等。正如马克思指出的那样“人的思维是否具有客观的真理性，这并不是一个理论的问题，而是一个实践的问题。人应该在实践中证明自己思维的真理性，即自己思维的现实性和力量，亦即自己思维的此岸性。”正是通过实践，大学生不断地获得对于自己和周围新的认识，并在认识的基础上，获得能力的提升。

社会实践对于大学生的重要意义集中体现在以下几个方面：

第一，社会实践的过程是把理论与实际相互联系的过程。知识是不可能独立于实际而存在的，或者说不能将知识从实际中剥离出来。知识来源于生活，更应该被应用于生活。

大学相当于我们人生的分水岭。由于我国国情的特点，学生在上大学以前，为了考试而学习，也就是接受所谓的应试教育。在应试教育模式下，学生很难将所学知识应用于实际生活，也缺乏将知识应用于实际生活的意识与思考。等到高考结束，这样的思维模式仿佛也就成了习惯，以致部分学生在进入大学后仍然为了获得好的成绩而学习，而忽视了大学教育模式对其成长所起的积极作用，忽视了素质教育对其成才的重要意义。在这样的环境下，社会实践的意义就更加凸显。

在社会实践过程中，大学生从自己的角度去接触和了解社会，发现社会中存在的某种现象或问题，并在老师的引导下，凭借已有的知识基础对这些现象或问题进行解释或阐述，形成自己的思想。在思想形成的过程中，大学生会一遍又一遍地翻阅所学知识，考量这些知识内容与实际是否存在契合点，这个过程加深了学生对于知识的理解，弥补了他们对于所学内容认识上的不足，而能够被认识和理解的内容记忆起来也将会更加深刻。社会实践激发、培养和锻炼了大学生利用所学知识解决现实问题的能力，让他们认识到知识在解决实际问题中的重要作用，帮助他们树立起文化自信心。

第二，社会实践帮助他们认识社会，加深对社会的理解，为他们真正地踏入社会打下坚实的心理基础。

对于大学生而言，大学校园不同于中小学校园的地方在于大学校园里融入了许多的社会因素，也正因为此，大学阶段是大学生建立对社会的认识、培养社会生存本领的关键阶段。少部分大学生在大学期间因为对社会认识不足，以致真正踏入社会后面对理想与现实之间如此大的差距时表现出恐慌，甚至对于生活失去了希望，最终被社会所抛弃，在刚迈入社会的时候之所以会表现出恐慌，一方面在于对社会认识不足，另一方面在于他们对于即将到来的生活没有做好充分的思想准备，或者说没有建立起应对社会变化的意识和能力。

在社会实践中，大学生逐渐建立起对于社会的认识和理解，激发和培养起应对社会变化所必要的意识和能力，如独立生活能力、心理承受能力和人际交往能力等。

其中，独立生活能力是大学生在大学阶段甚至进入大学前需要培养的基本能力，是他们得以在社会上生存和发展的基础。通过社会实践，大学生的独立生活能力可得到检验和提高，以帮助他们更好地适应快速变化的现实生存条件。

在实践中，事情的发展也许并不是按照我们所期望的那样，理想与现实甚至背道而驰。此时，较好的心理承受能力就显得格外重要。通过社会实践，大学生不断地认识到理想与现实之间的差距，在认识的基础上培养他们承受由这种心理落差所带来的消极影响的能力，不仅能帮助他们建立起对这种差距的正确认识，而且能激发他们面对和克服困难的勇气和信心。

无论是在古老的原始社会，还是在高度发展的现代社会，人与人之间的交流成为社会得以正常运转的基础。离开了人与人之间的交流与沟通，人类

文明也就将再次陷入黑暗，所以，培养良好的人际交往能力成为个体融入社会的关键。社会实践团队就相当于一个微型社会，团队中的每个人都承担着一定的责任和义务，由于时间和资金等限制因素，团队成员之间有效的交流与沟通便成为高效完成实践任务的有力保障，也是实践团队得以存在的基础。

图33　当地果农与队员分享果树种植经验

第三，社会实践在帮助大学生认识社会的基础上，促进他们主动承担起服务社会的历史责任感和使命感。

认识社会的目的是服务社会，在服务社会的过程中体现自己的人生价值是国家振兴的希望，也是历史发展的需要，更是胸怀历史责任感和使命感的体现。大学生作为国家先进文化和创新能力的代表，在实现中华民族伟大复兴的中国梦的历史进程中起到的作用越来越突出。

在实践中，在获得社会认识的基础上，大学生会由于爱国情怀的激发或实践任务的需要而积极主动地去探索和发现社会中存在的某些问题，而在对这些问题进行分析的过程中，我们会发现这些问题对于社会发展的阻碍。由于民族精神和爱国情怀的鼓舞，我们会更加积极地寻求解决问题的方法或途径。正如五四运动中的那些青年大学生，在内忧外患的严峻国家形势面前，以民族精神和爱国情怀武装自己，为救国家于危难之中而积极主动地开展游行示威等爱国运动。这样的行动诠释的是保卫国家的爱国精神和反帝反封建的民族精神，是胸怀历史责任感和使命感的体现。五四运动虽已成为历史，但是五四精神应该为现代大学生所继承和发扬，特别是在国家深化改革和建设现代化的今天，大学生更应该主动承担起服务社会的历史责任，通过积极地服务社会得到人生价值的体现。

第四，社会实践活动有助于激发大学生的创新能力，培养他们的创新意识。

党的十八大以来，习近平总书记高度重视创新驱动发展，多次强调创新始终是推动一个国家、一个民族向前发展的重要力量，是引领发展的第一动力，必须把创新摆在国家发展全局的核心位置，创新对于国家的重要性已然如此，具有创新能力的个人就更显得弥足珍贵。

大学生是国家重要且宝贵的人才资源，激发和培养大学生的创新能力和创新意识是国家教育改革的重点工作。社会实践对于大学生创新能力的激发和创新意识的培养具有积极的促进作用，而这种促进作用主要体现在三个方面，即实践主题的开放性、实践途径的可选择性和实践结果的不确定性。

社会实践的选题具有开放性，即大学生可以根据自己的经历或者想法自由选择实践的主题。正因为这是大学生自己的经历或想法，因此实践活动具有广泛性和真实性；也正因为每个人的经历或想法都不相同，因此实践活动具有创新性，而这种创新性也是大学生创新能力的一种体现。

实践活动的方式可以由我们自由选择，可以是问卷调查、实地采样或采访等多种调研方式。调研方式本身的多样性给他们提供了选择的多样性，但采取哪种调研方式可以取得最好的调研效果以及调研对象和调研内容的选择等都是参与社会实践的大学生应该考虑的内容，而这样一种舍得的过程也在一定程度上体现和激发他们的创新能力。

通过社会实践得到的结果具有不确定性，可能与预期结果一致，也可能与之背道而驰。特别是在实践结果与预期结果不一致的情况下，对实践结果的分析过程就显得格外重要。对实践结果的分析在尊重客观事实的基础上可以充分调动大学生们的想象力，而丰富的想象力则是高水平创新能力的一种

重要表现形式。

社会实践是大学教育的重要组成部分，对于大学生综合能力的提高具有积极的促进作用。社会实践不仅能够帮助大学生全面认识自己、认识和服务社会，而且能够激发和培养他们的创新能力、组织协调能力、沟通能力以及心理承受能力等。

从某种程度上来讲，社会实践也是作为大学生表达自己真实想法和表现自身能力的平台而存在的，因此社会对于大学生实践教育的关注不应该只停留于社会实践活动本身，相反，社会的关注点应该更多地放在对大学生实践成果的分析上，毕竟实践成果是他们想法和能力的集中直接体现。

图34　陕西队队员，白云飞

北京理工大学机械与车辆学院，2014级装甲车辆工程专业本科生

队内工作：主管财务（车票、门票购买，酒店预订；日常开销、采购等的记账；报销）。

个人感悟：大学是一个小社会，步入大学即步入半个社会。我们不再是象牙塔里不能受风吹雨打的花朵，通过社会实践的磨练，我深深地体会到社会实践是一笔财富。社会是一所更能锻炼人的综合性大学，只有正确地引导我们深入社会，了解社会，服务社会，投身到社会实践中，我们才能发现自身的不足，为今后走出校门、踏进社会创造良好的条件；我们才能学有所用，在实践中成才，在服务中成长，并有效地为社会服务，体现大学生的本身价值。今后的工作中，我们要在过往社会实践活动经验的基础上，不断拓展社会实践活动范围，发掘实践活动培养人才的潜力，坚持社会实践与了解国情、服务社会相结合，为国家与社会的全面发展出谋划策。

艰辛如人生，实践长才干

一片叶子属于一个季节，年轻的莘莘学子拥有绚丽的青春年华。谁说意气风发，我们年少轻狂，经受不住暴雨的洗礼？谁说象牙塔里的我们两耳不闻窗外事，一心只读圣贤书？走出校园，踏上社会，我们定能不辜负他人的期望，为自己书写一份满意的答卷。

——题记

青年服务国家，从我们做起。在这个暑假，我有幸参加了北京理工大学赴陕西省生态科考队。为期一周的科考，每天任务都很繁重，期间我遇到了很多困难，是队友给了我力量，让我直面困难，最终解决困难。在科考过程中，我深刻体会到了团结的重要性，明白了身为团队中的一员，团队对我的重要性，懂得了团结合作是解决困难最有效的方法。

科考队的每个队员在发团前都要确定一个课题，并要写出这个课题的提纲，我原本以为只要自己大概确定一下方向就可以了，没想到，在接下来的是十几天时间里，我因选题存在问题，四次更换课题，从“文化之旅”到“陕西省旅游生态环境调研”再到“大旅游格局下西安市对外旅游窗口建设现状调研”最后到“‘一带一路’视野下的西安战略地位及其实现路径探析”，四易课题，只为确定一个最具调研性的课题。在看到自己的课题被一次次地否定时，我的内心很难过，因为每一次课题的变更，便意味着自己需要重新翻看很多文献，查看很多新闻，选取新的主题，写出新的提纲。在这段艰难的日子里，老师一遍遍指导，队友一次次提建议，正是在这样一个团结的环境中，我克服了第一个困难，顺利地选好了课题。

科考第一站是西安。众所周知，西安是古代丝绸之路的起点，也是十三朝古都，拥有丰富的历史文化。今日西安，古时的长安，是习近平总书记亲自规划的“一带一路”的起点，在政治、经济、文化、科技、旅游等方面迎来了巨大的发展，西安将再一次站在世界的舞台上。丝绸之路，是西安更是国家宝贵的历史遗产，“一带一路”为原丝绸之路注入新的血液，“新丝路，新政策”，西安将站在新的战略高度，拥有一个新的未来。我的课题有关“一带一路”，主要任务集中在西安市境内完成，在完成课题的过程中，我遇到了很多困难。因为我的课题中有一项是调查民众对“一带一路”倡议及其发展的了解水平的，而这项内容要通过问卷的形式来完成，因此在出发前，为了保证这项内容调研的充分性，我准备了170份问卷，这也就意味着我们需要在西安两天行程中找到170个人为我们填写这170份问卷。“纸上得来终觉浅，绝知此事要躬行”，本以为发放问卷很简单，没想到却碰了壁。在发放问卷的过程中，大部分人很随和，听到我们是大学生，很乐意填写问卷，在填写过程中也时时和我们交流；但也有些人，他们不愿意填写，被人拒绝时，内心难免难过；也有些人在填写时，会给我们说，这些你们自己填填就可以了，反正也没人知道，我也只能尽力解释，我们要保证数据的真实性。我们尽心尽力发放问卷，却保证不了每份问卷的质量，看到有些收上来的问卷上面只草草划勾，内心还是有所失望。

图35　外国友人在填写队员发放的问卷

在发问卷过程中，我们也在成长，也在反思和总结，一开始，我们上来就直接说“您能给我填份问卷吗？”。那时我们得到了整个问卷发放过程中最多的拒绝，别人会直接说没时间。慢慢地，我们意识到，要先介绍一下自己，毕竟人们对大学生还是充满善意的；其次，要告知他们，填写一个问卷占用不了太长时间，这样他们才会帮忙填写这份问卷，即使他们有些事情要忙，也不会在意这区区两分钟时间。然后我们有了这样一套说辞“您好！我们是北京理工大学的学生，来西安做一个关于‘一带一路’的调研，能耽误您两分钟的时间，给我填份问卷吗？”我们把交流的语言改进后，越来越少的人拒绝我们。我也明白了这样一个道理，有些时候问题出现了，不要老去埋怨别人，要从自己身上找原因，别人拒绝你，要反思是不是自己交流时语言不当，不够礼貌。我们无法改变别人，但是我们可以改变自己。

另外，我认为发放问卷的过程中还应该为每一位填写问卷的人准备一个小礼品，这样会让他们感受到我们的诚意，让发放问卷的过程变得简单些，更会让填写问卷的人更加认真，这对保证最后数据的准确性十分有利。

托尔斯泰说："个人离开社会不可能得到幸福，正如植物离开土地而被抛弃到荒漠里不可能生存一样。"叔本华也曾说："单个人是软弱无力的，就像漂流的鲁滨逊一样，只有同别人在一起他才能完成许多事业。"这就是说，为什么很多很有能力的人，一旦离开某个平台、某个群体或组织，他们就什么也干不成了。因为，一个人再能干，能力都是有限的，充其量最多干10个人的事，但绝对干不了100人、1 000人的事。所以，不管干什么事情，都离不开团结合作。在整个课题的完成中，我深刻感受到了团结合作的重要性。

在西安的两天，任务繁重，我们要在两天行程中发放170份问卷，我们在西安去了8个地方，却没能轻轻松松地去游玩哪怕一个景点。8月的西安，骄阳似火，我们每去一个地方，便伴随着几十份问卷的发放，一天下来，队员们累得筋疲力竭，但是我们没有抱怨，没有泄气，而是相互鼓励，共同规划第二天问卷发放的具体事宜。最终170份问卷，我们有效回收168份，这个功劳当属我的队友，是他们不怕辛苦，才有了这个令人满意的结果，也正因为我们这个团队强大的凝聚力和责任感，我的课题才得以顺利完成。

在西安的两天行程中，我们去了丝绸之路群雕、汉长安城未央宫遗址、唐长安城大明宫遗址、大雁塔，往日金碧辉煌的宫殿只剩下一个个地基，从一张张复原图中，我能感受到那时的繁荣。汉代张骞从未央宫出发出使西域，丝绸之路初见雏形。唐朝丝绸之路畅通繁荣，大明宫成为当时文化、经济的一个中心。丝绸之路为当时汉、唐的经济发展带来了巨大的机遇，也为东西方思想文化的交流提供了一个平台。

作为古丝绸之路的起点，在"一带一路"倡议下，一个更加开放、多元的西安再次登临世界舞台，这座兼具古代历史文明和现代风采的城市也吸引着世界的目光。而浐灞生态区作为西安对外开放的重要窗口，承担着打造陕西对外开放新高地、国际人文交流新中心的重要任务历史，西安浐灞地区丝路文明印记深厚，丝路情结刻骨铭心。它是5 000多年前的母系氏族社会——半坡文化的发祥地，是中国“折柳送别”文化的源头，也是古长安重要的水源地和水运要道，为打通“东起长安，西达罗马”的古丝绸之路贸易通道，提供了充实的物质保障。如今，位于西安城区东部的西安浐灞生态区，是国家战略中的重要节点，是西安市东部的新中心，是西安对外开放的重要窗口和平台，承担着打造陕西对外开放新高地和国际人文交流新中心的重要任务。我们在西安的最后一天去了浐灞生态区，感受到了丝绸之路经济带先导区的快速发展，更加坚信在“一带一路”倡议的指引下，西安必将成为世界级大都市。同时，心中也充满使命感，我们作为新一代的知识分子，应该努力学习专业知识，响应国家出台的战略，为中华民族的伟大复兴而奋斗终身。

大学是一个小社会，步入大学就是步入半个社会。我们不再是象牙塔里不能受风吹雨打的花朵，通过社会实践的磨练，我深深地领悟到社会实践是一笔财富。社会是一所更能锻炼人的综合性大学，只有正确地引导我们深入社会，了解社会，服务社会，投身到社会实践中，我们才能发现自身的不足，为今后走出校门、踏进社会创造良好的条件；我们才能学有所用，在实践中成才，在服务中成长，并有效地为社会服务，体现大学生的本身价值。在今后的工作中，我们要在总结过往社会实践活动经验的基础上，不断拓展社会实践活动范围，发掘实践活动培养人才的潜力，坚持社会实践与了解国情、服务社会相结合，为国家与社会的全面发展出谋划策。

图36　陕西队队员，徐子瑜

北京理工大学生命学院，2013级生物工程专业

队内工作：推送及新闻稿撰写（每日一推）。

个人感悟：陕西生态科考之行，对我来说，已经不仅仅是一次科考之行，更是一次锻炼心志、提升自我的心灵之旅。在这里，有团队协作解决问题的温馨和力量，有面对新奇事物的年轻肆意，有艰苦完成任务后的满满幸福。最初报名参加，仅仅凭借的是一时冲动，在面对出发前的种种困难时，当时的冲动已经逐渐消退，只留面对困境的退缩和恐惧。但是从第一次小组例会开始，到出发前的课题讨论、物资准备，再到看到队员们始终团结不懈的身影，我突然体会到明知困难却仍然勇于挑战、不断突破的真谛。

勇于挑战，突破自我

2017年的暑假，是意义极其特别的一段时光；2017年赴陕西生态科考，是我特别难忘的一个历程。

有时候，生活像一面墙，遮住我们的目光，将我们封锁在一个狭小的房间里，有的人不甘平庸，努力突破，所以看到了外面更高更广的世界。2017陕西生态科考对于我来讲就是这样一个机会，一个突破心中的恐惧、努力挑战自己的机会，一个走出围墙、看到外面广阔天地的机会。

图37　队员取水样

北京理工大学生态科考已经走过了十年生涯。生态科考，是一段真正亲近自然、感悟自然的行程。在这行程中，我们走出书本，走出校园，走出我们曾经的象牙塔，走向自然，走向社会，走向我们不曾见识过的人世间。生态科考中，我第一次深切感受自然的魅力，感叹大自然的神奇；生态科考中，我第一次主动承担任务，享受队员间团结协作带来的满足与成功。

如果一个杯中，只装了石头或者沙子，难免显得单调，只有杯中装了石头、沙子，还装满水，才能达到真正的“满”。所以，我们不能将自己局限于某一个点，故步自封，要敢于挑战、突破自我，如此才能登上人生的高峰。

勇于突破，就是要勇敢地尝试。莎士比亚曾说：“我们的疑虑使我们害怕尝试，它是心灵的叛徒，出卖我们可能获得的成功。”如果能够放下心中的疑虑、纠结，真的迈出尝试的第一步，很可能会发现，曾经以为做不到的事情，我们都可以处理、克服。只要敢去尝试，敢去挑战，就已经掌握了通往成功的一把钥匙。

勇于突破，就是要有非凡的远见。就好像登山时，如果只注意脚下，害怕前方的陡峭，心中难免畏缩，如果将目光延伸及整个山脉，我们才可能体会到“会当凌绝顶，一览众山小”的豪迈。

依稀记着那“力拔山兮气盖世，时不利兮骓不逝”的悲歌，失落的剑柄上那几滴残血滴进了乌江后的豪迈项羽在军事上那般杰出，靠破釜沉舟那样雄姿英发般的气概，以少胜多，巩固了自身地位，赢得了年少英雄的美名。可其在国家大事上的刚愎自用，使他落得如此悲惨的结局。他一路火烧阿

房，坑杀秦兵，失了民心，失了军心。正是因为没有非凡的远见，他只能将自己局限在狭小的视野中最终没有能突破自己。

勇于突破，就是要有坚持的毅力。这不仅需要心中有目标，更需要那种吃苦耐劳、不屈不挠的坚强意志。

“也许我的听觉没有常人好，但在其他方面，我相信自己能比常人做得更好”，这是“感动中国”节目中邰丽华一句普通的言语。但正是这句普通的言语蕴含着她对人生的勇敢挑战。一个聋哑女孩不甘于命运的安排，她凭着自己的直觉和努力，使人生梦想的光辉终于绽放出了绚丽的色彩，《千手观音》等一系列的舞蹈形体艺术留下了她瑰丽动人的姿彩。面对那曼妙的舞姿、美丽的图画，我们不敢想象这真的是一群残疾人的创造。我也对她充满了敬意，她是不屈服人生命运的智者，她是敢于挑战自己的勇士。

生活中，总有一些人会抱怨自己有某方面的缺陷，因而不能达到自己的目标，并以此作为借口，来掩盖自己的懦弱。然而，历览成功者的足迹，哪一个不是自我挑战的勇士。

人这一生，只有不断地去突破自我才能登上那似插入云端、直破天际的山顶；人这一生，只有不断地去超越自我才能做那棵破石而出、屹立危峰的迎客松；人这一生，也只有不断地去提高自我才能成为那闪亮燎原的星星之火。

人的一生是短暂的，年轻时，如果我们不努力超越自己，老来在心中只会留下后悔与遗憾。面对生活，我们应当努力突破，不断超越，不顾一切地为自己的梦想奋斗、拼搏。生活就是在不断的突破中丰富起来的，梦想也是在不断的超越中实现的。现在人们都喜欢过安稳的生活，很少有人会愿意放弃已有的成就而去追求梦想。我们习惯了现在的生活状态，因此，很多人工作缺乏热情，学习缺乏动力，渐渐地就再也看不到最开始的意气风发了。

徐志摩说过：“人在小时候都是有翅膀的，但随着年龄的增长都退化了。”的确，人的梦想会因为生活这堵墙而停止，许多人都因不敢突破这堵墙而放弃了梦想，因此，我们要学会突破生活，不断超越自己。

我对于成功的定义是“可以一直做自己想做的事”。为谋生而工作的是在生存，只有为兴趣而工作的才能叫生活，许多人生存在这世界上，只有少部分人生活在这世界上，只有勇于突破生活、超越自己，我们才能生活在世界中。

人类的发展在于突破，我们是在不断突破中进化而来的，可现在社会上的某些人，仅仅是忙于生计，每天做同样的事，创新能力下降，人越来越像机器，生活越来越无味。因此，突破生活、超越自己，我们才能真正找到属于自己的生活。

柔弱的蚯蚓，没有坚强的筋骨，没有锋利的牙齿，却能够上食埃土、下饮黄泉，用柔弱之躯开辟出属于自己的一片土地，让生命焕发光彩。笨拙的蜗牛，没有宽阔的翅膀，没有雄健的利爪，却能够锲而不舍、坚持不懈，让渺小的自己坚定地站立在金字塔之巅，俯视整片土地。伟大的拿破仑知道自己身材矮小，但他不灰心、不泄气，以自己的坚强意志攀上世界顶峰，发出“我比天高”的呼喊。

蚯蚓、蜗牛，都敢于向自己挑战，天然的不利没有使它们屈服，种种不足促使它们想办法克服。突破，为自己的理想而突破极限；挑战，为自己的梦想而挑战。我想，即使蜗牛没有到达金字塔顶，它也是无悔的，因为它为自己的目标付出了行动，它为自己的梦想做出了努力。

我不敢说此次陕西生态科考之行是一次多么完美的行程，但在这个过程中，作为科考队一员的我都在不断地挑战和突破自我。因为只有敢于挑战、突破自己，我才能和科考队员们重走丝绸之路，考察丝绸之路群雕、汉长安城未央宫遗址、唐长安城大明宫遗址，从一张张复原图中感受汉唐时代的繁荣以及丝绸之路给汉唐经济发展带来的巨大机遇；才能行走在古都之内，感受这里随处弥漫着的古老深厚的文化底蕴和浓厚的历史氛围；才能游览今日西安——习近平总书记亲自规划的“一带一路”起点，感受其在政治、经济、文化、科技、旅游等方面将迎来的巨大发展。

因为敢于挑战、突破自己，我才能和科考队员们一起探访中国革命圣地延安，重温党在延安领导中国革命的伟大奋斗历史。探窑洞、访圣迹，感受党在面对敌人封锁的重重艰难下勇于突破、艰苦奋斗的革命精神；领略延安

作为红色革命圣地传递的英雄事迹、精神和信仰，而这种精神和信仰，正是指导人生的导航针。

陕西生态科考之行，让我突破了许多第一次，第一次积极主动参加活动，第一次长途跋涉睡卧铺，第一次发放问卷，第一次撰写新闻稿……

曾经的我只懂得偏安一隅，对于自身以外的任何事情都不热衷，不是不感兴趣，不过是害怕做不到、做不好，不过是缺乏勇气。陕西生态科考让我渐渐懂得，或许我这次生态科考的表现不是很好，任务完成得不是很棒，我们每个人也都不是完美无缺的，都有这样或那样的缺陷，但我们不能够失去勇于挑战的勇气。峭壁绝岩上一棵松树傲然挺立，艰苦的环境、贫瘠的土地没有让它丧失挑战和突破的勇气；白雪苍茫中一丛梅花凌寒怒放，袭人的寒风、凛冽的冰水没有使它放弃迎春的信心。

“我可以改变世界，改变自己，改变隔膜，改变小气……”就像王力宏这首歌一样，突破生活、超越自己，我们会发现生活大有不同。

图38 陕西队队员，杨文娟

北京理工大学生命学院，2015级生物学专业硕士研究生

队内工作：推送及新闻稿撰写（每日一推）。

个人感悟：坚持是一种修行，人的精力总是有限的，专心做好一件事，坚持下去，才能有所建树。这次的生态科考对我是一次历练，中间也经历了无数次的心理斗争，如果任性下去，可能就真的放弃了，而最终还是坚持下来，这得益于老师的谆谆教导。既然决定的事情就要坚持下去，有困难要想办法克服，而不是逃避。

坚持是一种修行

十年干一件事情和一年干十件事情哪个更容易些？恐怕是后者吧！人们从来都不缺少善变和好奇心，而恰恰缺少的就是持之以恒的决心和坚忍不拔的勇气，那便是坚持。不管是默默无闻坚持那份枯燥无味的工作，还是咬紧牙关坚持那件困难重重的任务，这份坚持永远值得歌颂与赞扬！

有句话叫 “坚持就是胜利”，后言是“坚持不一定胜利，坚持到底一定胜利”，而这种胜利可能是有形的，也可能是无形的。你坚持完成一项工作，得到的是上司的奖赏；你坚持完成一份作业，得到的是老师的夸奖；你坚持跑完马拉松，得到的是观众的掌声；但是当你坚持完成内心认定的事，无关他人，只与你有关，别人看不到你的坚持，难道你就要放弃吗？换言

之，我们的生活不是作秀，你的所作所为不是秀给别人看的，你只要知道对得起自己的本心，无愧于自己，而这样坚持下去的结果是得不到任何外界的奖励，但是在整个过程中，你的心智、你的勇气和你的耐心都得到了磨练，而这些才是对你最好的奖赏。

坚持是一种修行。小时候我们都读过“铁杵磨成针”的故事，长大后也明白了“水滴石穿，绳锯木断”的道理，所以生活中从来不缺少坚持的例子。

学习、读书需要坚持。毛主席曾说过世界上最容易的事情是读书，他在革命战争年代和建设社会主义时期从未间断学习，即使是重病缠身、生命弥留之际仍然没有停止。毛主席这种“活到老，学到老，生命不息，读书不止”的精神是永远值得我们新时代青年学习的。

坚持可以让平凡变伟大。那个感动了神州大地的王顺友，马班邮路上，一个人，一匹马，一生的脚步，一条山区绿色通道，平凡的岗位，铸就不平凡的精神，在这里，他一走就是几十年。他把一捧粗砂磨成了润珠，他把崎岖山路踏成了平地，是坚持让平凡的人变得伟大，让平凡的工作值得歌颂。

而伟大的人物也是因为具有坚持的精神而变得更加令人崇拜。英国著名作家狄更斯平时很注意观察生活、体验生活，不管刮风下雨，每天都坚持到街头去观察、谛听，记下行人的零言碎语，积累了丰富的生活资料。这样，他才在《大卫·科波菲尔》中写下了精彩的人物对话描写，在《双城记》中留下了逼真的社会背景描写，从而成为英国一代文豪，取得了文学事业上的巨大成功。爱迪生曾花了整整10年去研制蓄电池，其间不断遭受失败的他一直咬牙坚持，经过了五万次左右的试验，终于取得成功，发明了蓄电池，被人们授予“发明大王”的美称。居里夫人对镭的发现历时3年9个月，而在近4年时间里，居里夫人为了提炼纯净的镭，和丈夫在院子里支起了一口大锅，一锅一锅地进行冶炼，终日在烟熏火燎中搅拌着锅里的矿渣，一次次的失败，并没有摧毁她在科学领域探索的决心，她一次次坚持了下来，放弃了休息时间，放弃了可以享受的天伦之乐，最终，功夫不负有心人，她提炼出了0.1克的镭，当她以坚持的精神卓然屹立于科学的高峰时，那是多么美丽的身

姿，留给人类的是多么美丽的遐想……

狄更斯、爱迪生和居里夫人就是靠坚持而取得最后胜利的。坚持，使狄更斯为人们留下了许多优秀著作，也为世界文学宝库增添了许多精品；坚持，使爱迪生攻克了许许多多的难关，为人类的进步做出了不可磨灭的贡献；坚持，使居里夫人发现了天然放射性元素镭，推动了人类科学事业的前进。可见，坚持能够使人取得事业和学业上的成功。

如果没有坚持，被确诊患有罕见的、不可治愈的运动神经病的霍金，在完全瘫痪，完全不能说话，只能依靠安装在轮椅上的一个小对话机和语言合成器与人进行交谈，看书必须依赖一种翻书页的机器的情形下，不可能完成享誉世界的巨作《时间简史》。

如果没有坚持，集盲、聋、哑于一身的残疾人海伦·凯勒，不可能发表征服全世界读者的旷世散文《假如给我三天光明》；也只因她具有勤奋和坚忍不拔的精神，才能如此的紧紧扼住命运的喉咙。

而与坚持相反的便是浅尝辄止，就算名人也不例外。物理界的传奇人物爱因斯坦提出了狭义相对论、广义相对论，开启了科学历程的新纪元，但是有一次他却没能坚持到最后，中途放弃了，因为在思考黑洞研究的过程中，得到的结论与自己的设想相悖。而他的结论却成为另一位物理学家获得成功的重要依据。他懊悔地说："我本来是可以成功的，但是我却放弃了。"

所以无论你是谁，中途放弃就等于丢掉了上帝给的开门钥匙，但如果坚持下去，成功的曙光就会毫不吝啬地照向你。

其实，自己也有想要坚持下去的经历。当高中校级运动会报名的时候，我信心满满地报了两个项目：女子200米和400米。当时觉得初中时期还拿过名次，对于自己的实力还是蛮有信心的。但是当第一组选手跑的时候，我的腿就软了，她们真的太快了，我根本就不是对手，心中越来越没有底，就想找个理由放弃比赛。内心无比挣扎，如果跑的话，拿不到名次，就很丢人，如果不跑，就变成了缩头乌龟，尽管别人不会说什么，但是自己的内心是惭愧的。最终我还是战胜自己，坚持了下来，参与了比赛，跑完了全程，尽管没有拿到好的名次，但是尽力了，坚持了，便也对得起自己和对自己有期望

图39　队员及指导老师在丹凤门前合影

的人。

自然界因为充满着坚持的力量，所以才拥有了如此美丽的风景。

当春姑娘降临人间，我们看到摇曳在风中的小草，怡然自得。可是，你可曾想到小草得经历多少风风雨雨才能如此逍遥？小草深扎于泥土之中，在寒冷季节没有放弃蓬勃的欲望，便在黑暗的泥土之中默默等待着、坚持着，希望有一天能见到春日的暖阳。终于，它等来阳光洒满大地的时刻，它奋力地生长着，使出浑身的力气，钻出了地面。它如果没有坚持挺过寒冷的冬日，如果没有坚持冲破坚硬的泥土，可能永远都不会有机会展现出装扮大地的美丽。

而当你见到天空中翱翔的雄鹰时，是否想过它们又曾经历过怎样的艰难抉择？

在雏鹰时期，鹰妈妈带着小鹰来到悬崖边，托起小鹰狠心地将小鹰扔下万丈悬崖。懵懂的小鹰面对妈妈的举动束手无策。就这样下去必将是死路一条，飞吧，准备，蓦地，起飞，小鹰扇动着翅膀，坚持着飞了起来。它曾无数次摔在地上，但疼痛的身体并没有摧毁它坚强的意志，它坚持着站了起

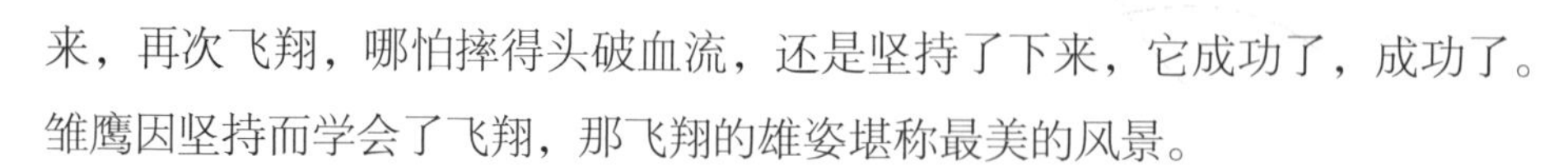

来，再次飞翔，哪怕摔得头破血流，还是坚持了下来，它成功了，成功了。雏鹰因坚持而学会了飞翔，那飞翔的雄姿堪称最美的风景。

也许它们是因为没有了选择，所以选择坚持的。虽然看起来多了些无奈，而这不正是自然界神奇的地方吗？

可见，坚持的精神不仅贯穿于人类社会，同样普遍存在于自然界。因为它是一种力量。荀子曰：“锲而不舍，金石可镂。”坚持，使生命绽放光彩，坚持，使世界更美丽。

我们回到初始命题，把一件事坚持十年，你就成功了。乐登户外集团圣弗莱品牌北京总代理陈永跃，十年如一日，精心呵护着品牌，与厂家携手走过了十年的风雨历程。从大众体育转入户外的积极求索，到骆驼鞋服一体化的艰辛路途，再到乐登集团自创品牌圣弗莱的成功运作，作为品牌代理商的陈永跃，面对残酷的市场竞争，如果没有那份坚持和乐观，恐怕早已倒下。

坚持是一种修行，人的精力总是有限的，专心做好一件事，坚持下去，才能有所建树。

北京理工大学生命学院，2014级生物工程专业本科生

队内工作：主管摄影（行程中拍照记录、微信推送（每日一推））。

图40　陕西队队员，张宇

个人感悟：我们要用延安精神鼓励每个青年大学生，人总是要有一点精神的，心系他人、心系集体、心系祖国，说到底就是一种包含“正确的政治方向，解放思想、实事求是、全心全意为人民服务，独立自主、自力更生、艰苦奋斗的精神”的生生不息的延安精神。只有这种延安精神的伟大品质与时代价值的感召力，才能够指引当代大学生自觉树立崇高的理想信念，确定科学的人生目标，继承爱国传统，弘扬民族精神，真正解决大学生怎样做人、做什么样的人的根本问题。为此，加强延安精神教育，激发大学生的爱国情怀，增强其民族自豪感，有助于大学生把爱国主义内化为自觉的行动，树立崇高的理想信念。

贵在存乎于心，重在践之于行

——关于延安精神对当代大学生指导意义的心得体会

延安精神是中国共产党人在马列主义指导下，在长期的革命斗争环境中凝练而成的，具有历久弥新的生命力和超越时空的稳定性。新的历史条件下，大学生作为社会中一个重要而特殊的群体，担负着民族复兴的伟大历史任务，而他们的思想却处在单纯、敏感和脆弱阶段，延安精神作为中国共产党和中华民族永恒的精神财富理应在大学生的成长中发挥着更加积极和重要

的作用。因此，如何在大学生中弘扬延安精神，把延安精神作为凝聚大学生共识、促使大学生团结奋进的精神动力，让延安精神在当代大学生中散发出新的时代光芒，是时代的要求和社会的期盼。

我们北京理工大学2017年赴陕西省生态科考队也以此为契机，到革命老区深入了解党在延安的光辉事迹，了解在这段艰苦岁月里党是如何领导全国人民取得了抗日战争和解放战争的胜利。通过对这段历史和在这段历史下孕育的延安精神的研究，总结出延安精神对当代大学生成长的启示。

在延安的3天行程中，我们探访了一系列红色革命圣地。

巍巍宝塔山，滚滚延河水。我们第一站来到了宝塔山，宝塔山是延安的标志，是革命圣地的象征，它见证着共产党人艰苦卓绝的奋斗历程，载着不屈不挠、坚如磐石的坚定信念。

随后我们来到了延安革命纪念馆，在延安革命纪念馆门口，我们看到了一座革命主题雕塑。雕塑中嘹亮的军号响起，一名名革命战士英勇地向前冲去，战马嘶腾，仿佛在我们面前呈现出一幅在艰苦环境中依然奋战不息的战士群像图，而正是在这些勇敢的革命战士无畏的战斗下，抗日战争才最终取得胜利，才建设出现在美好的生活。雕塑让我们感受到了一种高尚的情怀。

延安革命纪念馆展出的大量珍贵革命文物、文献和照片，按历史顺序分列11个单元，400多米长的展览大厅，以1 000多幅历史照片和800多件革命文物，生动、形象地再现了老一辈革命家在延安住窑洞、吃小米、驱日寇的光辉业绩。展览主要介绍党中央和毛泽东同志在延安和陕甘宁边区领导中国人民英勇斗争的光辉历史，同时介绍了毛泽东、刘少奇、周恩来、朱德等老一辈无产阶级革命家的丰功伟绩，介绍了马克思列宁主义和中国革命具体实践相结合的毛泽东思想。这为研究中国革命史和陕西地区、陕甘宁边区革命史，提供了极其珍贵的资料。延安革命纪念馆是向广大群众进行爱国主义、革命传统和延安精神教育的重要基地。

通过此次参观延安革命纪念馆的学习，我认识到中国共产党从建党起，就带领中国人民推翻封建统治，抵御外来侵略，独立自强地走向民族独立，进行改革开放、发展经济，为使中国步入世界强国行列做出了不可磨灭贡献。

在延安革命纪念馆的周边，便是王家坪革命旧址，这里曾是中国人民解放军总司令部所在地。中央军委、八路军总部在这里领导解放区军民坚持抗战，取得了抗日战争的伟大胜利，后又粉碎了国民党反动派对解放区的“全面进攻”，并为战胜其“重点进攻”做了充分的准备。我们首先参观了这里的建筑，一进王家坪大门便到南院，首先看到的是军委礼堂，这是一座土木石结构的平瓦房，整个礼堂可容纳200多人开会，绕过军委礼堂向东是毛泽东同志会客室旧址，北院分为前后两院，前院有军委会议室，墙壁上挂有当年拍摄的很多照片。朱德同志经常在此召开重要会议，毛泽东、朱德、王稼祥、彭德怀、叶剑英当年也住在那里。

我深刻地感受到了延安精神对延安的影响，老一辈革命党人不畏艰难一直坚持革命，体现了艰苦奋斗、自力更生的精神。一个社会，只有大家的心在一块，向一个方向努力，我们的目标才能实现。现在，我们的物质水平提高了，但是出现了一个很严重的问题，好多人对延安精神以及我们的革命历史并不了解，不管是老一辈还是年轻一辈，所以，迫在眉睫的事情就是要鼓励大家学习这段历史，不能让我们优秀的传统修养消失，并且不能让我们年轻一代漠视这段历史，要认真学习延安精神，这样才能使它一代又一代地传承下去。

我们最后参观了革命旧址杨家岭，小的时候读文章，一篇“杨家岭的早晨”就深深印在了我脑海里。我知道，正是在杨家岭那狭小的窑洞里的油灯下，毛主席写出了《矛盾论》《论持久战》等光辉著作，为夺取抗日战争的伟大胜利提供了强大的思想武器。而今，当我跨越历史，踏上这片黄土地时，是多么想亲眼看一看当年老人家住过的窑洞、感受一下杨家岭的早晨啊！幸运的是我们所住的宾馆便在杨家岭旁，早晨的延安凉风习习，站在宾馆窗户前，就能看到杨家岭的风景，杨家岭是中共七大会址，进入杨家岭，便能看到七大召开时的礼堂，时至今日，礼堂依然保持着“中国共产党第七次全国代表大会”的会场旧貌：主席台正中悬挂着毛主席和朱德的大幅画像及六面党旗；主席台前的几张桌子和椅子，是中央书记处五位书记的座位，主席台上方的横幅标语是“七大”的政治口号——“在毛泽东的旗帜下胜利前进”；主席台对面的标语是“同心同德”，它的意思是号召全党在马克思列宁主义、毛泽东思想的基础上，一心一意、团结一致地为实现党的任务而斗争；两侧的标语是“坚持真理，修正错误”。

参观完杨家岭革命旧址之后，真正在我心中留下深刻烙印的是“延安精神”，年轻一辈对延安精神的了解大都来自文学作品，从没去过延安的我们也一样，只是知道延安的历史，却都没有亲历过这段历史，只是知道延安精神，却从没有接触过延安精神的本源。今天的艰苦已经不再是物质条件的艰苦这样一种概念，而是体现在有勇气抵御各种诱惑、拒绝各种腐蚀、克服不思进取的信念和顽强的作风上。正是以毛泽东同志为首的中国共产党人在延安时期形成的自力更生、艰苦奋斗的“延安精神”，引导和激励着我们党领导全国人民前仆后继、勇往直前，最终取得了新民主主义革命的胜利，追思革命前辈艰苦卓绝的奋斗历史，感悟延安精神的巨大力量，在这里，我真正懂得了共产党的伟大。也终于明白了，为什么如此艰难困苦的环境依然挡不住大批中华民族优秀的儿女，冲破反动派的层层封锁奔向延安，将自己的青春和热血汇入中国革命滚滚洪流的热情。

当代大学生应当成为传播、弘扬延安精神的生力军，尽管当今形势和任务与延安时期不同，但伟大的延安精神是不朽的，我们有责任使它成为新时期引领大学生提高政治素养、确立人生坐标的一盏明灯。

此行，我以亲身经历体会了延安精神的精髓，延安精神是“坚定正确的政治方向，解放思想、实事求是的思想路线，全心全意为人民服务的根本宗旨，自力更生、艰苦奋斗的创业精神”。

不可否认，延安精神是时代的精神，它具有历史性，但它同时具有与时俱进的时代性。延安精神是我们党和中华民族宝贵的精神财富，在新时期，它仍然是指导我们当代大学生成长的一面光辉旗帜，延安精神产生于革命战争年代，革命战争年代需要延安精神。90年来，延安精神培育、激励了一代又一代中国共产党人和中华民族的优秀儿女，为民族独立、人民解放和国家富强、人民幸福不畏艰险，奋斗不息，在中国特色社会主义建设的今天，同样需要用延安精神，培养新一代有远大理想、敢于创新、勇往直前的接班人。

Chapter 03

第三章

足迹再现

——科考地简介

3.1 魅力赣南

瑞金：

瑞金，江西省直管县级市，位于江西省东南部，赣州市东部，武夷山脉南段西麓。瑞金是一个红色与绿色并存的城市，是闻名中外的红色故都、共和国摇篮、苏区时期党中央驻地、中华苏维埃共和国临时中央政府诞生地等，是全国爱国主义和革命传统教育基地，是中国重要的红色旅游城市。2015年，被列为国家历史文化名城。

叶坪：

这里是中国第一个全国性的红色政权——中华苏维埃共和国临时中央政府的诞生地，也是中华苏维埃共和国临时中央政府机关和党在中央苏区的最高领导机关——中共苏区中央局的第一个驻地。景区内现保存着革命旧址和纪念建筑22处，其中16处是全国重点文物保护单位。叶坪和沙洲坝、云石山等革命旧址景区均为中宣部首批公布的“全国爱国主义教育示范基地”，是全国红色旅游的经典景区之一。

红井：

瑞金红井，是苏区时期毛泽东亲自带领干部群众一起开挖的，它是当时党和苏维埃政府密切联系群众、解决群众生活困难的历史见证。1950年，瑞金人民为迎接中央南方老根据地慰问团的到来，维修了这口井并取名为“红井”，同时，在井旁立了一块木牌，书写着“吃水不忘挖井人，时刻想念毛主席”，以示人民对毛主席的怀念和感激之情，后又将木牌改为石碑。

中央人民革命根据地历史博物馆：

历史博物馆位于江西省瑞金市苏维埃纪念园内，是为纪念土地革命战争时期中国共产党及其领袖毛泽东、朱德、周恩来等直接领导创建中央革命根据地和中华苏维埃共和国而建立的，是首批全国爱国主义教育示范基地之一，管理叶坪、沙洲坝、云石山、中革军委等四处革命旧址群。

赣州：

赣州也称“赣南”，是中国70个大中城市之一，位于江西省南部，是江西省的南大门，是江西省面积最大、人口和下辖县市最多的地级市。赣州已经成为脐橙种植面积世界第一、年产量世界第三的全国最大的脐橙主产区。

三百山自然保护区：

三百山自然保护区位于江西省安远县东南部边境，是安远县东南边境诸山峰的合称。其东邻寻乌县，地跨濂江、风山、镇岗、新园四乡，位于赣、粤、闽三省交界处，属武夷山脉东段北坡余脉交错地带，是长江水系之贡江与珠江水系之东江的分水岭。三百山是东江的发源地，是香港同胞饮用水的源头，也是全国唯一的对香港同胞具有饮水思源特殊意义的旅游胜地。

东江源村：

东江源村原名为三桐村，位于江西省东南部寻乌县三标乡。村子占地约19 000亩，100多户人家（约700多人）分散于7个小组中，据说是东江源村的祖先为了逃避洪水猛兽才迁到万山当中，最初聚居在距源头最近，即现在陂头小组所处的一带，后来由于气候、交通、生计等原因逐渐外迁，最终演变成现在的布局。据悉，2004年6月27日江西省科技厅组织的专家科考小组认定：东江源为寻乌水三桐河，源头位于椏髻钵山南侧，发源地为椏髻钵山。

南桥镇古坑村：

古坑村位于南桥镇北部，距南桥镇5.4千米，交通便利，206国道和瑞寻高速穿境而过，全村共有9个村民小组，340户农户，1 538人，总面积2.7平方千米，全村有耕地946亩，山林面积9 623亩，其中公益林675亩。在脱贫攻坚工作中，古坑村引入“农家书屋+电商”模式，建立文化服务站，通过网上交易平台、乡村双向物流体系帮助村民实现了脐橙、蜜橘、鸡蛋、蜂蜜等农产品的直销，开拓出增收致富的新渠道。

3.2 文化晋中

北武当山风景区：

北武当山位于山西省吕梁市方山县境内，又名真武山。明代修复玄天大殿后，根据非玄武不足以当之之意，更名为武当山，又因位于北方，故改成北武当山。北武当山风景区由72峰、36崖、24涧组成，主峰香炉峰，海拔2 254米，总面积约80平方千米。北武当山风景区集“雄、奇、险、秀”于一身，有许多赏心悦目的自然景观，又是北方道教的圣地之一，有历史久远的人文景观。值得一提的是北武当山风景区具有丰富的生物资源：景区植被繁茂，森林覆盖率达70%以上，橡、槐、漆等树木遍布山野。山中还有种类繁多的中草药材，如何首乌、当归、荆芥、薄荷、山参、红花、枸杞等。

为采集北武当山风景区的土壤样品，我们生态科考山西队一行人来到北武当山风景区。初到山脚，映入眼帘的是漫山遍野、种类繁多的树木，隐约可见石阶一线叠置，从下仰视，宛如“天梯”。开始爬山，眼前尽是苍劲的大树和层层就山凿筑的石阶，行动灵敏的松鼠不时出现在视线之中。奇山异石、庙宇石刻，淹没在葱郁的山林植被之中，相间点缀，相映成趣；耳边伴随着的是似乎永不停歇的蝉鸣和唧唧鸟语，偶有微风拂来，引得阶边的绿叶簌簌作响。登上北武当山山顶，一览众山，群山连绵，极为壮观。不禁感慨人类的渺小，唯愿长久置身于这大自然的怀抱中，享受心旷神怡之感。

如《北武当山赋》中所述的北武当山风景区之景：峡谷危岩，峭壁峥嵘；山石争秀，绿树幽林。北武当山风景区的景观让人目不暇接，科考队员们只觉流连忘返，不过半日的北武当山科考之行实在短暂，但登巅时的心旷神怡、心胸开阔之感将永远难以忘怀。

庞泉沟自然保护区：

庞泉沟自然保护区位于山西省交城县西北部与方山县东北部交界处，地处吕梁山脉中段，属野生动植物类型自然保护区，主要保护对象是中国特有的珍禽褐马鸡、华北落叶松、云杉天然次生林植被。庞泉沟自然保护区动植物资源丰富，据调查，区内共分布有野生动物238种，植物88科828种。就植物资源来说，庞泉沟自然保护区的主要树种有华北落叶松、云杉、油松、山杨、红桦、白桦等，且分布有党参、黄芪、甘草、菖蒲、连翘、桔梗、柴胡等药用植物。1986年，庞泉沟自然保护区被国务院批准为国家级自然保护区。

沿着公路驶向林区，海拔越来越高，即使是30余度的炎炎夏日，我们仍感到阵阵清爽。到了公路的尽头，我们下了车步行进入林区。初入林区，只觉林中湿润无比，脚下尽是泥泞，耳边传来的淙淙流水声吸引着我们继续前行。渐渐深入林区，仿佛置身于绿色的海洋：森林茂盛，野草茸茸，生意盎然。踏着越来越厚的落叶向前走着，泉泉流水突然出现在视线之中，使人惊喜之余更是忍不住地感慨它的清澈，让人只想掬一捧清泉在手中，品尝它是否如想象般甘甜。在泉水附近，我们发现了许多珍贵的药用植物。庞泉沟自然保护区宛如一个绿色宝库，养育了一方种类繁多的植物吸引我们去探索、去保护这自然的瑰宝。

遗憾时间有限，我们来去匆匆，未能好好观赏庞泉沟自然保护区的美丽景色。只叹不虚此行，愿有机会再来此地一观。

方山暑期学校：

方山北理工暑期学校位于山西省吕梁市方山县桥沟村，是北京理工大学以对口扶贫为出发点、以帮扶当地教育为目的，与方山县联合建立的一所暑期学校。2016年7月，方山北理工暑期学校建成并开始投入使用。至今为止的每年暑假，一批批北理工的学生赶赴方山县桥沟村承担起暑期教学任务，为来自十里八乡的小学、初中、高中不同阶段的学生传授新鲜丰富的知识。

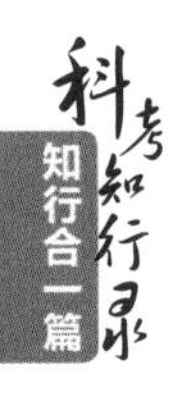

在方山北理工暑期学校，为了让孩子们能够在学习之余兼顾健康成长，篮球场地与体育设施的区域占据了校园过半的面积；教室中的多媒体设备和质量良好的桌椅也保证了课程的正常进行。在这里，纯真的孩子们个个拥有目标，或大或小皆为之努力。他们课上认真听讲，积极回答问题，课下把握时间，追着老师询问难解之处；负责的校领导扎根在暑期学校，密切关注孩子们的学习、生活情况，管理学校的大小事宜。

来到暑期学校，我们感受到校园建设中处处为学生着想的用心之处，也看到了它所具有的强大生命力。前来支教的我们愿献绵薄之力，期望尽自己所能以身作则，带给他们严谨认真的学习精神，让他们感受到北理工实事求是的延安精神，帮助他们担负起建设祖国、建设更美好的方山县的重任。

桥沟村：

针对因老致贫、因病致贫、因丧失劳动力致贫的现状，山西省方山县桥沟村尝试建设新型蔬菜大棚、农产品网络销售、集体种植中草药材等发展模式，并成功探索应用了农民专业合作社。短短3年时间，桥沟村的贫困户已从2014年的37户缩减到4户。

杨家沟村：

针对年轻劳动力大量丧失、留守老人居多的现状，山西省方山县杨家沟村采用集中养殖牲畜的方式，将牲畜集中养殖，专人看管，扩大规模，统一管理；同时引进苋草种植，以期获得新的稳定收入。目前，杨家沟村统一种植、统一养殖已初步形成规模，有望在1～2年内收益。

刘家庄村：

针对村中老年人口占多数、土地被政府和国家电网征用的现状，山西省方山县刘家庄村积极参与建设大型光伏发电站，通过“光伏扶贫”以帮助贫困户获得一定的收入。截止至今，发电站投入使用后，因光伏发电而得的收益已返还给村民，贫困户的经济状况得到了一定的改善。

3.3 风情陕北

丝绸之路群雕：

丝绸之路群雕是西安市为纪念1987年丝绸之路2 100周年，于1984年委托时任西安美术学院雕塑系主任的马改户教授设计创作，历时3年落成的大型纪念性雕塑。在其完成后的20余年时间里，已经成为古城西安的标志性雕塑。

丝绸之路群雕刻画的是跋涉于丝绸之路上的一队骆驼商旅，其中有唐人，也有高鼻深目的波斯人，14匹骆驼中还夹杂着两匹马和3只狗……浅褐色的花岗岩石料古朴典雅，雕刻的线条苍劲而流畅。虽仅仅刻画出了3个长安人、3个波斯人的形象，却连绵起伏、浑然一体，将丝绸之路上长达1 000多年的各国商贸往来的历史高度地概括表现了出来，展示出一支西域驼队满载丝绸、瓷器、茶叶等即将西行的浩大场景。每个人物细致入微的表情，都高度凝练在了花岗岩之上，站在雕塑的一端远看，整座雕塑犹如一条威武雄壮的脊梁，气势磅礴雄伟，石质古朴浑厚，线条苍劲有力。每当沐浴落日余晖之时，雕像便呈灿灿金色，犹如茫茫大漠上巍巍风蚀的城堡，更犹似戈壁中堆积的沙砾。整组雕像堪称是我国近现代雕塑作品中的上乘之作。凝望它们，就如同阅读一部沧桑丝路的历史，令人肃然起敬。

雕塑材质选用的就是陕西本地的花岗岩石料，由760余块半立方米大小的石块刻制组装而成，共用石料350余立方米。群雕构图设计中，强调富有节奏感、流动感很强的沙梁轮廓线，以及塞外古城残垣断壁的形象特点。为了表现驼队长途跋涉的感觉，特意把构图一字排开，强调一个长字，并根据驼队走路的姿态，进行了疏密组合和高低起伏的变化，加强驼队外轮廓线的节

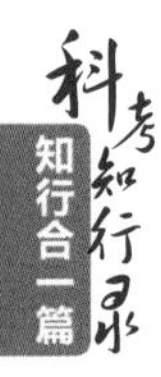

奏、运动变化，给人以高低起伏、连绵不断的运动联想和形式美感。

未央宫：

未央宫是西汉帝国的大朝正殿，建于汉高祖七年（前200年），由刘邦重臣萧何监造，在秦章台的基础上修建而成，位于汉长安城地势最高的西南角龙首原上，因在长安城安门大街之西，又称西宫。

自未央宫建成之后，西汉皇帝都居住在这里，成为汉帝国200余年间的政令中心，所以在后世人的诗词中，未央宫已经成为汉宫的代名词 。西汉以后，未央宫仍是多个朝代的理政之地，隋唐时也被划为禁苑的一部分，存世1 041年，是中国历史上使用朝代最多、存在时间最长的皇宫。

未央宫是中国古代规模最大的宫殿建筑群之一，总面积有北京紫禁城的6倍之大，亭台楼榭，山水沧池，布列其中，其建筑形制深刻影响了后世宫城建筑，奠定了中国两千余年宫城建筑的基本格局。

1961年3月4日，未央宫遗址被国务院公布为第一批全国重点文物保护单位。2014年6月22日，在卡塔尔多哈召开的联合国教科文组织第38届世界遗产委员会会议上，未央宫遗址作为中国、哈萨克斯坦和吉尔吉斯斯坦三国联合申遗的“丝绸之路：长安—天山廊道的路网”中的一处遗址点成功列入“世界遗产名录”。

大明宫：

大明宫，大唐帝国的大朝正殿、唐朝的政治中心和国家象征，位于唐京师长安（今西安）北侧的龙首原。其始建于唐太宗贞观八年（634年），原名永安宫，是唐长安城三座主要宫殿“三大内”（大明宫、太极宫、兴庆宫）中规模最大的一座，称为“东内”。自唐高宗起，先后有17位唐朝皇帝在此处理朝政，历时达200余年。

大明宫是当时全世界最辉煌壮丽的宫殿群，其建筑形制影响了当时东亚地区的多个国家宫殿的建设。大明宫占地3.2平方千米，是明清北京紫禁城的4.5倍，被誉为千宫之宫、丝绸之路的东方圣殿。唐昭宗乾宁三年（896年），大明宫毁于唐末战乱。

1961年，大明宫遗址被国务院公布为第一批全国重点文物保护单位。2010年，西安市在大明宫原址上建立了大明宫国家遗址公园。2014年6月22日，在卡塔尔多哈召开的联合国教科文组织第38届世界遗产委员会会议上，唐长安城大明宫遗址作为中国、哈萨克斯坦和吉尔吉斯斯坦三国联合申遗的“丝绸之路：长安—天山廊道的路网”中的一处遗址点成功列入“世界遗产名录”。

西安兵马俑：

兵马俑，即秦始皇兵马俑，亦简称秦兵马俑或秦俑，是第一批全国重点文物保护单位、第一批中国世界遗产，位于今陕西省西安市临潼区秦始皇陵以东1.5千米处的兵马俑坑内。

兵马俑是古代墓葬雕塑的一个类别。古代实行人殉，奴隶是奴隶主生前的附属品，奴隶主死后奴隶要作为殉葬品为奴隶主陪葬。兵马俑即制成兵马（战车、战马、士兵）形状的殉葬品。

1961年3月4日，秦始皇陵被国务院公布为第一批全国重点文物保护单位。1974年3月，兵马俑被发现；1987年，秦始皇陵及兵马俑坑被联合国教科文组织批准列入“世界遗产名录”，并被誉为“世界第八大奇迹”，先后有200多位外国元首和政府首脑参观访问，成为中国古代辉煌文明的一张金字名片，被誉为“世界十大古墓稀世珍宝之一”。

浐灞生态区：

浐灞生态区（Chanba Ecological District，简称CBE）成立于2004年9月，规划总面积129平方千米，其中集中治理区89平方千米。浐灞生态区主体位于西安市未央区和灞桥区，是西安市确定重点发展的“四区二基地”之一。核心区位于陇海线以北、东三环以西、北三环以南、北辰大道以东，距离市中心钟楼10千米，与国家级西安经济技术开发区（西安城市新中心）东西相对。

国家级生态区——浐灞生态区，是欧亚经济论坛永久会址所在地，同时是“2011西安世界园艺博览会”的举办地，西北地区首个国家级湿地公园、国家服务业综合试点项目西安金融商务区所在地。

浐灞得名于“长安八水”著名的浐、灞水系。2004年9月，西安市委、市政府在广泛综合国内外城市发展经验的基础上设立了生态型城市新区——西安浐灞生态区，目的是通过流域综合治理和生态建设，完善城市形态，改善生态环境，提升城市综合承载力，同时突出发展金融商贸、旅游休闲、会议会展、文化教育等现代高端服务业和生态人居环境产业。

大雁塔：

大雁塔位于唐长安城晋昌坊（今陕西省西安市南）的大慈恩寺内，又名“慈恩寺塔”。唐永徽三年（652年），玄奘为保存由天竺经丝绸之路带回长安的经卷佛像主持修建了大雁塔，最初5层，后加盖至9层，再后层数和高度又有数次变更，最后固定为今天所看到的7层塔身，通高64.517米，底层边长25.5米。

大雁塔作为现存最早、规模最大的唐代四方楼阁式砖塔，是佛塔这种古印度佛寺的建筑形式随佛教传入中原地区，并融入华夏文化的典型物证，是凝聚了中国古代劳动人民智慧结晶的标志性建筑。

1961年3月4日，国务院公布大雁塔为第一批全国重点文物保护单位 。2014年6月22日，在卡塔尔多哈召开的联合国教科文组织第38届世界遗产委员会会议上，大雁塔作为中国、哈萨克斯坦和吉尔吉斯斯坦三国联合申遗的“丝绸之路：长安—天山廊道的路网”中的一处遗址点成功列入“世界遗产名录”。

延安革命纪念馆：

延安革命纪念馆地处陕西省延安市宝塔区西北延河东岸，始建于1950年1月，是中华人民共和国成立后最早建设的革命纪念馆之一。纪念馆由前广场和陈列馆两大部分组成：前广场占地面积2.7万平方米，广场中间巍然耸立着毛泽东青铜像，青铜像底座上镌刻着由江泽民题写的“毛泽东在延安”6个金色大字。陈列馆由6个展厅组成，馆内展出革命历史文物1 260余件、历史照片670多幅，再现了党中央在延安和陕甘宁边区领导中国人民进行英勇斗争的光辉历史，为人们学习中国革命史提供了极其珍贵的资料。

1997年，纪念馆被中央宣传部、民政部、人事部和文化部列入全国百个爱国主义教育示范基地，承担起继承和弘扬延安红色革命精神的历史重任。2004年，中宣部、民政部、人事部和文化部授予延安革命纪念馆以“全国爱国主义教育示范基地先进集体”的荣誉称号。2011年，纪念馆的“延安革命史”基本陈列荣获“全国十大基本陈列特别奖”。

延安革命纪念馆发展至今，其责任已不仅仅是为前来学习的人们讲述那段红色历史，更重要的是将延安精神现代化，并以现代化的延安精神指引着人们为实现中国梦而努力。

杨家岭革命旧址：

杨家岭革命旧址地处延安城西北两公里处，是中共中央驻地旧址。1938年11月至1947年3月，毛泽东、朱德、周恩来和刘少奇等中央领导在此居住和办公。在此期间，中共中央指挥抗日战争敌后战场并领导了解放战争，带领根据地人民开展了大生产运动和整风运动，使得根据地面貌焕然一新，在满足军民所需物资的基础上，更是发展了“自强不息、艰苦奋斗”的革命精神。杨家岭革命旧址的主要组成部分是中央大礼堂，该礼堂建成于1942年，中共中央于1945年4月23日至6月21日在此成功召开了党的第七次全国代表大会（简称“七大”）。七大的意义在于确定了党的政治路线，即“放手发动群众，壮大人民力量，在我党的领导下，打败日本侵略者，解放全国人民，建立一个新民主主义的中国”，为党带领人民争取抗日战争的胜利和新民主主义革命在全国的胜利奠定了政治上、思想上和组织上的深厚基础。七大还肯定了毛泽东思想在领导人民进行新民主主义革命过程中的重要地位，并将毛泽东思想作为党的指导思想写入党章。在杨家岭窑洞前的小石桌旁，毛泽东会见了美国记者安娜·路易斯·斯特朗，并提出了“一切反动派都是纸老虎”的著名论断，从理论上武装了党和人民，极大地增强了人民同国民党反动派作斗争的勇气和必胜的信心。

延安自然科学院遗址：

延安自然科学院的前身是延安自然科学研究院，是中共中央在抗日战争时期为培养科学技术干部和发展科学技术事业而于1939年5月决定建设的。1940年1月，为了适应抗战建国的需要，特别是为了发展陕甘宁边区经济建设的需要，中共中央决定将延安自然科学研究院改为延安自然科学院，由中央文委领导。延安自然科学院首任校长是李富春，第二任校长是徐特立。延安自然科学院设有大学部和中学部，大学部又设有物理、化学、地矿和生物四系，中学部则分为预科和初中两部分。1943年秋后，延安自然科学院与鲁迅艺术学院等校合并为延安大学。抗日战争胜利后，延安自然科学院迁至张家口、建屏、井陉，改名为晋察冀边区工业学校。1952年定名为北京工业学院，1988年易名为北京理工大学。延安自然科学院的建立开创了中国共产党领导高等自然科学教育与研究的先河，为中国近现代自然科学技术的发展奠定了深厚的基础。

南泥湾：

南泥湾本是人烟稠密、土壤肥沃、水源充足的富庶之地，但是清朝中期由于清统治者挑起回汉民族纠纷，导致这里战乱不断，以至于成为荒草丛生、人迹罕至的荒蛮之地。抗日战争时期，国民党向共产党八路军抗日根据地展开大规模扫荡，使得根据地建设遭受重创，不仅根据地规模缩小，而且根据地军民生活物资十分匮乏。

为了改善这种局面，毛泽东率先垂范，在杨家岭的办公楼下亲手开垦了一片荒地，种上辣椒、番茄等蔬菜，带领根据地军民开展了轰轰烈烈的大生产运动。1940年，朱德总司令根据中共中央关于开展大生产运动的指示精神亲赴南泥湾进行荒地开垦。1941年春，八路军一二零师三五九旅在旅长兼政委王震的率领下奉命开进南泥湾进行开荒种地。在根据地军民的共同努力下，1942年，生产自给率达61.55%；1943年，生产自给率达100%；到1944年，三五九旅共开荒种地26.1万亩，收获粮食3.7万石，养猪5 624头，上缴公粮1万石，实现了“耕一余一”，有效地缓解了经济封锁造成的困难局面。

南泥湾的大生产运动缓解了军民供需的重大矛盾，打破了国民党顽固派的封锁以及扼杀中国共产党革命力量的企图。南泥湾大生产运动所孕育的南泥湾精神主要包括自力更生、艰苦奋斗的革命精神；调查研究、实事求是的工作方法；上下一致、共克时艰的优良作风；勇于创造、敢为人先的进取精神。南泥湾精神是民族精神与时代精神的结合，也正是依靠这种精神，中国共产党领导人民克服了重重困难，并最终取得了革命、建设和改革事业的胜利。

致　谢

2017年7—8月，北京理工大学生命学院生态科考队聚焦“一带一路”“精准扶贫”“红色精神”主题，选定江西、山西和陕西三地作为考察地点，开展生态科考。“饮其流时思其源”，在本书完成之际，谨向此次生态科考中，为生态科考队提供大力支持和帮助的当地政府和相关部门，表示我们最诚挚的问候和最衷心的感谢。

排名不分先后

江西省会昌县西江镇石门村村委

江西省赣州市农粮局

江西省赣州市教育局

江西省赣州市水利局

江西省赣州市林业局油茶办公室

江西省赣州市柑橘科学研究所

江西省赣州市气象局

江西省安远县果业局

江西省王品农业科技有限公司

江西省寻乌县果业局

江西省富橙果业专业合作社

江西省赣州市寻乌县三标乡三桐村村委

江西省赣州市寻乌县南桥镇古坑村村委

山西省吕梁市方山县教育局

山西省吕梁市方山县人民政府

山西省吕梁市方山县劳动和社会保障局

山西省吕梁市方山县峪口镇桥沟村村委

山西省吕梁市方山县马坊镇杨家沟村村委

山西省吕梁市方山县积翠乡刘家庄村村委

山西省吕梁市方山县北武当镇庙底村村委

山西省吕梁市方山县北武当镇新民村村委

陕西省延安市水务局

陕西省延安市果业局

陕西省延安市农业局

陕西省延安市安塞区南沟村水保队

延安大学

陕西省延安市宝塔区柳林镇孔家沟村村委